U0176358

就酱

好酱料调配好料理

156种完美比例酱汁

吴琼宁 ● 编著　蔡伟民 ● 食谱校正

中国纺织出版社有限公司

著作权合同登记号：图字：01–2019–5088

原书名：自制手工常备酱：156种完美比例酱汁，冰箱里一定要有的好用复方调味品

原作者名：Joy（吴琼宁），蔡伟民◎食谱校正

图书在版编目（CIP）数据

就酱 ：好酱料调配好料理 / 吴琼宁编著. ––北京 ：中国纺织出版社有限公司，2020.1

ISBN 978–7–5180–6738–1

Ⅰ. ①就… Ⅱ. ①吴… Ⅲ. ①调味品—基本知识

Ⅳ. ①TS264.2

中国版本图书馆CIP数据核字（2019）第219060号

责任编辑：韩 婧 责任校对：韩雪丽
责任印制：王艳丽 责任设计：品欣排版

中国纺织出版社有限公司出版发行

地址：北京市朝阳区百子湾东里A407号楼 邮政编码：100124

销售电话：010—67004422 传真：010—87155801

http: // www.c-textilep.com

中国纺织出版社天猫旗舰店

官方微博 http: // weibo.com/2119887771

北京华联印刷有限公司印刷 各地新华书店经销

2020年1月第1版第1次印刷

开本：710×1000 1/16 印张：13

字数：105千字 定价：49.80元

目录

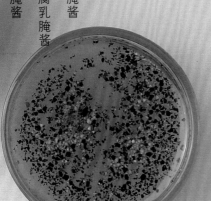

第 1 章

自制最安心！

近几年黑心食品陆续被披露，原来我们吃下肚的食物，有些是不良厂商加工制成的「化工食品」，引发了人们对食品安全问题的一阵恐慌。走一趟食品材料商店，琳琅满目的「化工食材」真让人看得目瞪口呆，原来我们一直以为安全无毒的食物，却很有可能是由许多食品添加物所制成！随着食品安全问题日益严重，自己动手做料理成了全民运动。

然而，忙碌的现代人想要三餐完全自理谈何容易？即使是全职煮夫／煮妇，也会有忙不过来时候，简单、便利又安全的料理方式成了新时代的开伙目标。酱料就是忙碌者的救星，无论是炒青菜、拌面、拌饭，做沙拉或是煮火锅，自制的酱料绝对可以让你能快速开动，吃得美味又安心！

酱料美味
秘密大公开

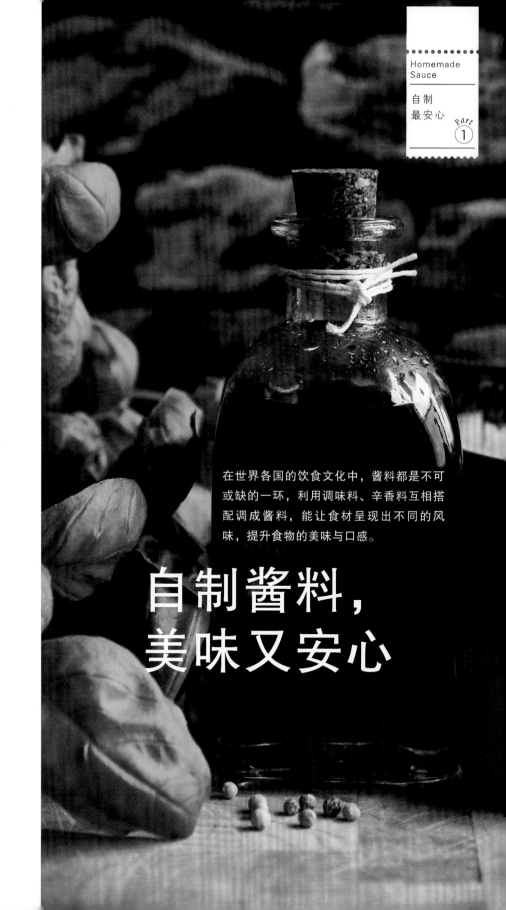

在世界各国的饮食文化中，酱料都是不可或缺的一环，利用调味料、辛香料互相搭配调成酱料，能让食材呈现出不同的风味，提升食物的美味与口感。

自制酱料，
美味又安心

各国酱料的种类与特征

在各大卖场或商店往往可以看到一罐罐已经调制好的酱料，这些酱料吃起来香浓、美味又方便，但是看看配方里的制造成分，你看得懂的成分有几个呢？

几年前曾有新闻媒体披露，部分市售番茄酱根本只是用红色色素与增稠剂调制，颜色鲜红、质地浓稠，卖相可说是满分！但是这类化工酱料吃进肚子里，不仅钠含量高，对健康也完全没有益处。这样的化工酱料，你敢吃吗？

其实酱料制作并没有想象中那么复杂，只要保存得宜，还可贮放较长时间，成为冰箱中的救急料理备案。自己动手做酱料，不仅无添加任何化学成分，制造成分与流程也能由自己一手掌握，让人吃得更安心也更放心。

酱料种类非常多元，除了可大略按用途区分为家常料理酱、火锅烧烤酱及沙拉甜点酱外，还能分为中式酱、西式酱、日韩酱料与南洋酱料等，有甜口味也有咸口味，种类非常多。在自制酱料前，我们先来认识一下酱料家族吧！

中式酱料

中式酱料基本上给人的印象是比较偏油、偏咸的口味，常使用蒜、葱、辣椒等辛香料，再与酱油、糖、醋等来调配。常见的有糖醋酱、蒜蓉酱等。

西式酱料

西式酱料口味偏重，例如美式的黑胡椒酱、奶油白酱、番茄红酱、BBQ烤肉酱等，常常会使用橄榄油、蒜及各式辛香料来调制。

日式酱料

日式酱料的口味较清淡且精致，常使用盐、醋、酱油、味噌、味醂、山葵等来调制，照烧酱、味噌酱等，都是很常见的日式酱料。

南洋酱料

南洋酱料以酸辣风味著名，常使用咖喱粉、鱼露、醋、辣椒、糖等食材来调味，常见的有泰式酸辣酱、沙嗲酱与虾酱。

韩式酱料

韩式酱料以辛辣闻名，有些酱料会添加麦芽糖或砂糖，因此吃起来略带甜味。常见者为韩国辣椒酱、大酱（味噌酱）、豆瓣酱和烤肉酱。

甜点酱料

果酱、沙拉酱以及面包抹酱大致可归类于甜点酱料。果酱是以新鲜水果制成；沙拉酱则主要是以油、醋调制；抹酱主要是以奶油、奶油乳酪等调制。

自制酱料的准备工具

调理机或果汁机

自制酱料有时需要将食材研磨成泥，如能准备一台调理机或果汁机，就能轻松将食材搅打成泥，让制作过程更方便、快速。

不锈钢锅具或耐热陶瓷锅

煮酱料时建议用不锈钢锅或耐热的陶瓷锅，这样在烹煮果酱或酱汁时，较不容易粘锅或烧焦。除此之外，因为陶瓷锅耐酸，所以用来煮果酱很适合，但使用完毕时别马上冲冷水，否则很容易让锅底爆裂。

木勺或不锈钢汤勺

熬煮果酱或烹煮酱料时，偶尔会需要不停搅拌才能避免粘锅或烧焦，因此准备一支木勺或不锈钢汤勺，就能耐热又耐酸，也不必担心锅具会释出毒素。

有盖玻璃罐

装酱料建议挑选耐热、有盖的玻璃容器，例如刚煮好、热腾腾的新鲜果酱要装罐时，耐热的玻璃容器因可加热消毒，就比较适合。

磅秤、量匙及量杯

不论是要制作果酱或酱料，使用磅秤或量匙、量杯更便于拿捏重量及用量，也能更精准调制出自己喜爱的口感。

酱料的计量方式

调配酱料时，通常都是用量匙来计算，使用的分量不需要太多，第一次制作时建议照着食谱用量调配，熟悉后再依自己的喜好增减，就能调出最适口的酱料。

- **1 大匙** = 1 汤匙 = 1T = 15 毫升
- **1 小匙** = 1 茶匙 = 1t = 5 毫升
- 1/2 小匙 = 1/2t = 2.5 毫升
- 1/4 小匙 = 1/4t = 1.25 毫升
- **碗**：一般家里常见盛饭用的碗，容量为 250 毫升
- **量米杯**：容量为 180 毫升
- **杯**：国际标准量杯，容量为 236 毫升（杯上通常有 1/2、1/4、3/4 刻痕）

调味料与香辛料，酱料的美味秘密

酱料具有调味、增香、增色的功效，甚至还可以嫩滑主食材，因此是烹饪中不可或缺的关键。酱料的种类五花八门，依使用及制作性质不同，大约能再归类为料理酱，例如蘸酱、淋酱、拌酱、腌酱；或是甜点酱，例如抹酱、沙拉酱、果酱等，不同的酱料也有不同的保存方式。各种酱料主要以调味料、香辛料来调制，常见的调制食材介绍见下页。

酱料保存方式

1. 酱料开罐与空气接触后，必须尽早食用完，取出使用的剩余酱料不可再倒回原罐中。

2. 建议使用有盖、可密封的玻璃罐当作容器，避免因容器受到侵蚀而释放出有毒物质。

3. 装罐容器的盖子必须是耐酸材质，或是内面有防侵蚀处理。

4. 装罐玻璃的耐热度要高，例如果酱类都需趁热装罐，若无法耐热有可能使罐子破裂。

5. 可以先将玻璃罐放入沸水测试耐热度，如果冷瓶放入沸水没有出现裂痕，就可以安心使用。

6. 橄榄油、蜂蜜、味酥、砂糖、盐、醋等，放常温阴凉处保存即可。

7. 酱油、味噌、橙醋、美乃滋、番茄酱、芝麻油等，则建议放置冰箱冷藏保存。

常见调味料小百科

糖

糖的种类很多，自制酱料时通常以白糖（砂糖）或冰糖为主，砂糖又细分为粗砂糖、细砂糖，若自制的酱料为直接调匀使用，可以选择细砂糖；若自制的酱料为需加热调匀，则可以选择粗砂糖来制作。

盐

盐能增添食材的咸味，还能提出食物本身的甜味，调制酱料时盐、糖的比例需拿捏好，互相搭配使用来调制，品尝起来的口感层次更多也能让料理更好吃。

醋

醋是经过发酵的调味料，以酸味为主且有香味，能去腥解腻，增加食材的鲜味与香味。种类有很多，例如香醋、乌醋、米醋、水果醋等，也是调制料理酱时不可缺少的调味料之一。

鱼露

鱼露是味道带咸且充满鲜味的调味料，口感比酱油更鲜甜，常用于海鲜、沙拉、菜肴的烹煮上，也很常搭配在酱料里调味使用。

酱油

酱油是最传统的调味料，主要是用豆、麦、麸皮所酿造。滋味鲜美且充满了独特的酱香，可以让酱料的色泽更好看，而且增进食欲。

味醂

将烧酒、米曲及糯米混合后，经过发酵而成的甜酒，就是味醂。味醂的口感清甜又爽口，能让食物更鲜甜可口，甚至还有去腥、防腐、杀菌等功能，是调制酱料时很常用的配料。

米酒

米酒是糯米蒸熟，加入酒曲发酵后所制而成。米酒含有淡淡的米香，除了可以去除食材的腥味，还具有提味的功效。

芝麻油

麻油、香油都可称为芝麻油，因为都是由芝麻所调制出来的。香油是以白芝麻所制成，颜色与气味都较清爽；麻油则是以黑芝麻所制成，颜色较深、口味较重。

常见香辛料小百科

葱

含有刺激性气味的挥发油和辣素，特有的辣味还可以去除油腻菜肴里的异味，更具有增进食欲的功效，也是调制酱料时不可或缺的调味料之一。

姜

姜可以单独食用，也能当成中药材，添加到酱料里调制后，能将其特殊的辛辣味、芳香味渗入到菜肴里，让料理更鲜美。

大蒜

大蒜也是不可或缺的香辛料之一，其辣味会依组织的破坏度而改变，辣味由高至低的顺序为：蒜泥∨蒜末∨蒜瓣。若想让酱料的口感更具有辛辣感，可以将大蒜磨成泥来使用。

辣椒

辣椒是最受欢迎的调味辛香料之一，也是世界各国都很常使用的调味料，常于酱料中使用的有新鲜辣椒、干辣椒、辣椒酱。新鲜辣椒的辣度比干辣椒更高，切碎后添加到酱料里即可；辣椒酱则可直接添加于酱料中来调制，与食材搭配后具有去除腥味、杀菌的功效。

洋葱

具有辛辣味，含有多种香气物质，能提升肠胃的消化力，对身体健康很有帮助，是既可作为主菜也能当调味用的香辛料，可以直接切碎来调制酱料。除此之外，洋葱经加热后会消除辛味并释出甜味，所以也是天然的味精喔！

香菜

香气非常清雅，常被添加于汤品中，也常用于菜肴上的点缀及提味。因为它能去除肉类的腥味，因此很常使用在海鲜、肉类酱料中。

芝麻

芝麻分为黑芝麻、白芝麻，用途很广且能独立作为食材，或是压榨成油，也常用来研磨制成酱料，或是加入酱料中来提升风味。白芝麻因为香气淡雅，所以常用来制成酱料，用于烤肉酱、火锅酱料中都很对味。

黑胡椒

黑胡椒因为味道较重、香气清新，很适合用来搭配肉类料理，独特的辛辣感还能促进身体代谢。黑胡椒研磨制成酱料后，最常见的即为黑胡椒牛排酱。

罗勒与九层塔

罗勒主要是用来制作青酱，它并不是九层塔，九层塔是罗勒中的一个品种，相比下来，罗勒更具辛味。

杜绝黑心食品，安心食材这样选

除了在酱料上小心翼翼，自制健康酱料之外，更要慎选搭配的食材，以免不小心就将黑心食材吃下肚。不过黑心食材防不胜防，因此我们要懂得如何挑选，其中最重要的就是食用油、新鲜食材（例如蔬菜、肉类）的挑选，只要掌握食材挑选的小诀窍，就能降低摄取到黑心化工食材的概率。

食用油类

油是烹调食物时最基础的调味料之一，主要的功用在增添食物的风味、口感、色泽，有人说植物油比动物油健康，其实这并不是最正确的答案，正确来说，应该从烹调方式来选择油脂的种类。

因为每一种油的发烟点不同，所以适合的烹饪方式也会不同。发烟点（Smoke Point）是指油加热后开始发烟的最低温度，当油达到发烟点以上，就会变质产生致癌物质。因此我们在烹调料理时，若以大火快炒、油炸、油煎的方式，则建议选发烟点较高的动物油。若是烹调时，则适合使用发烟点、水炒、中火炒时，以凉拌、水炒、中火炒时，则适合使用发烟点较低的植物油。除此之外，购买时建议选择具有GMP标记的油品，不要买来路不明的散装油脂。

各种油脂的发烟点

属性	油脂	发烟点	适合烹调方式
饱和脂肪酸 （动物油）	棕榈油	176℃	水炒、中火炒、煎炸
	精制猪油	220℃	水炒、中火炒、煎炸
	椰子油	221℃	水炒、中火炒、煎炸
	牛油	250℃	水炒、中火炒、煎炸
多元不饱和脂肪酸 （植物油）	葵花子油	107℃	凉拌、水炒
	大豆沙拉油	160℃	凉拌、水炒
	玉米油	160℃	凉拌、水炒
	葡萄籽油	216℃	凉拌、水炒
单元不饱和脂肪酸 （植物油）	橄榄油	160℃	凉拌、水炒、中火炒
	油菜籽油	204℃	凉拌、水炒、中火炒
	芥花油	220℃	凉拌、水炒、中火炒
	苦茶油	252℃	凉拌、水炒、中火炒

（资料来源：台湾"行政院""卫福部"）

油脂小知识①

什么是饱和与不饱和脂肪酸?

* **饱和脂肪酸（动物油）**：主要油品为椰子油、棕榈油，以及猪油、牛油等动物性油脂。摄取过多的话，容易导致心血管及其他慢性疾病。

* **多元不饱和脂肪酸（植物油）**：主要油品为大豆油、葵花子油、蔬菜油、玉米油。可以提供人体无法自行合成的必需氨基酸，有助清除胆固醇。

* **单元不饱和脂肪酸（植物油）**：主要油品为橄榄油、油菜籽油、芥花油、苦茶油。可以降低体内坏胆固醇的含量。

油脂小知识②

什么是未精制与精制油脂？

* **未精制油脂**：指的是用冷压方式将油脂从种子中压榨出来，这类油脂的发烟点低，不适合高温烹调。虽然这类油脂较能避免化学添加物对健康的危害，但是大多只适合凉拌或低温水炒，若想高温煎炸，应选择发烟点较高的未精制油脂，例如葡萄籽油、苦茶油等。

* **精制油脂**：是以高温、高压等方式，除去让油品不稳定的水分、杂质等物质，耐高温炒炸，可长时间保存。这类油脂精制后，天然营养素流失较多，与未精制油相比，较不健康。

新鲜食材的挑选诀窍

五谷类

选购五谷类时，米粒要以质地光洁、透明、粉屑少、颗粒完整、饱满坚硬、大小均匀且没有发霉臭味者为首选，其余杂粮类则同样以颗粒完整、大小均匀者为佳，且同样需留意是否有霉味。若是选购面粉，则粉质以干爽无异味，且色泽略带淡黄色为宜。

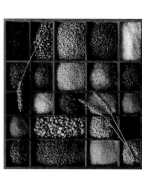

蔬菜类

购买时建议以时令盛产为首选，不要以外观美丑为挑选重点，因为略有虫咬的蔬菜反而农药残留量较低。挑选时要以茎叶鲜嫩肥厚，叶面无斑痕、破裂、无枯萎，有弹性、无泥土附着者为佳，议买未经洗过的洋菇，未经去皮的萝卜，也可以多选择绿色、深黄或红色的蔬菜类。

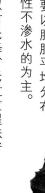

水果类

购买时建议以时令盛产为首选，因为这类水果很有可能农药残留量较多。选购时可从外观来判断，以果皮完整、颜色鲜艳、水分多且无腐烂或虫咬、破裂等现象的水果为主。

肉类及海鲜

购买猪肉、牛肉、羊肉时，要以鲜红色的肉质为挑选关键，若肉色苍白或呈暗红色，有可能代表肉品新鲜度不足，口感通常也较差。购买家禽类时，则要以脂肪平均分布、瘦肉多且有弹性不渗水的为主。

海鲜类产品则以有光泽、无过重腥味者为佳。例如鱼类要留意其眼睛是否混浊、鳞片是否已有大片剥落，或是散出发怪味，因这可能代表不够新鲜。虾类若非活虾，宜多观察头部是否有变黑情形。

一般而言，海鲜类的腐败速度较肉类更快，采购时要更加留意卖场或摊贩的陈设是否足以保冷保鲜。

第 2 章

酱做好味道！

家常料理酱

家常料理酱大约可分为四大类，分别为：蘸酱、淋酱、拌酱、腌酱，但是有些酱料既可以当作淋酱也能当作拌酱，因此底下依其主要功能来概括分类，实际类别会依个人口味及料理方式不同而有所不同。

塔塔酱

适合海鲜、炸物

酸黄瓜……1/2 条
水煮蛋……1/2 颗
洋葱……1/4 颗
美乃滋……1.5 大匙
黄芥末酱……1 小匙
糖……1 小匙
柠檬汁……1 小匙
粗黑胡椒粒……少许

小贴士

塔塔酱的主原料是美乃滋，可以视个人口味来调整美乃滋的分量。美乃滋又名蛋黄酱，是由植物油、蛋、柠檬汁或醋与其他调味料调制而成，经常使用在沙拉与凉拌料理上。
目前市售台式美乃滋偏甜，日式偏酸，可多尝试，调理出自己喜爱的口味。

做法

❶ 酸黄瓜、洋葱切丁备用。洋葱丁先泡水 3 分钟后沥干，轻捏出水分去除辛辣味。

❷ 全熟水煮蛋剥除蛋壳后切碎或捣碎。

❸ 准备一个空碗，放入黄芥末酱及砂糖拌匀。

❹ 加入柠檬汁拌匀后，放入酸黄瓜丁、洋葱丁、水煮蛋碎拌匀。

❺ 美乃滋分次慢慢加入，调整至个人喜好的浓稠度，最后撒上适量黑胡椒就完成了。

泰式酸甜酱

香菜 …… 适量
辣椒 …… 1/2 条
大蒜 …… 2 瓣
柠檬 …… 1 颗
鱼露 …… 1 大匙
糖 …… 1 小匙

小贴士

泰式料理最迷人的就是酸酸甜甜又带点辣味的绝妙滋味，吃起来非常开胃。用柠檬和糖调出来的酸甜酱，不论是搭配月亮虾饼还是炸海鲜等料理，都非常合适。

制作时可以自己控制喜欢的酸甜度，喜欢吃偏甜口感的人，糖放多一点即可。

做法

❶ 香菜及大蒜切末、柠檬榨汁、辣椒切小段后混合搅拌。

❷ 加入糖、鱼露调和均匀即可。

适合炸物、海鲜

搭配泰式椒麻鸡很好吃！

海鲜五味酱

番茄酱⋯⋯ 3 大匙
酱油膏⋯⋯ 1 大匙
乌醋⋯⋯ 1 大匙
糖⋯⋯ 1 大匙
辣椒酱⋯⋯ 少许
葱花⋯⋯ 1 大匙
姜末⋯⋯ 1 小匙
蒜末⋯⋯ 1 小匙
香菜⋯⋯ 少许

小贴士

海鲜五味酱很适合搭配各
类海鲜料理，即使是清烫
的花枝、鱿鱼或白虾，也
可以很对味，因它有番茄
酱的酸甜口感，再加上姜、
蒜增加少量的辛辣感，能
带出海鲜本身的鲜甜。
若是不敢吃辣的人可以减
去辣椒酱，一样好吃。

做法

将所有材料放入碗中混
合、拌匀即可。

适合海鲜

梅子蘸酱

适合海鲜、肉类

紫酥梅肉……20克

紫苏梅汁……适量

姜……1片

砂糖……1大匙

香油……1小匙

做法

❶ 将紫苏梅肉与紫苏梅汁、姜、砂糖，一起放入果汁机里打成泥状。

❷ 取出后放入香油，拌匀就完成了。

小贴士

紫苏营养价值很高，其中的红紫苏因香气较浓郁，常用来腌渍梅子，做成紫苏梅。紫苏梅的好处很多，例如减少胆固醇、降低血糖值等，对常大鱼大肉的现代人来说，是比较能调和酸性食物、改善体质的食材。

酸酸甜甜的梅子蘸酱，非常适合与清淡的食材搭配，例如水煮或氽烫类的料理，或者用来当海鲜、肉类的蘸酱也很对味。

塔香柠檬酱

柠檬⋯⋯1颗
橄榄油⋯⋯4大匙
蜂蜜⋯⋯1大匙
盐⋯⋯1小匙
九层塔⋯⋯10片

做法

材料全部放入调理机或果汁机打碎即可。

小贴士

这款塔香柠檬酱酸酸甜甜，散发出九层塔香气，比传统酱油吃起来的口感更有层次，最适合用来蘸海鲜、肉片，甚至拿来蘸水饺也很合适喔！

适合海鲜、肉片

韩式煎饼酱

白芝麻⋯⋯1小匙
芝麻油⋯⋯1/2大匙
葱末⋯⋯1大匙
柠檬汁⋯⋯1小匙
蒜泥⋯⋯1小匙
细砂糖⋯⋯1大匙
苹果醋⋯⋯1大匙
韩式辣椒酱⋯⋯3大匙

适合野菜煎饼、
海鲜煎饼

小贴士

韩式料理最吸引人的就是酱料总有着辣中带甜的口感，例如辣炒年糕酱、煎饼酱等。这里介绍的煎饼酱，与煎饼搭配起来可是绝配，酥脆的煎饼、甜辣适中的酱汁，不论是当点心或主食都很适合。

做法

❶ 取一空碗，将韩式辣椒酱、苹果醋、细砂糖、蒜泥、柠檬汁拌匀。

❷ 加入葱末、芝麻油拌匀，再撒上白芝麻即可。

姜汁蘸酱

适合水果、肉类

酱油膏 …… 1.5大匙

细砂糖 …… 1.5大匙

甘草粉 …… 1大匙

姜泥 …… 1大匙

做法

取一空碗，将所有材料混合、拌匀即可。

小贴士

姜泥使用老姜或嫩姜来磨都可以，酱油膏也可以换成酱油，如果觉得太稀，可以把酱料煮沸，再加一些马铃薯淀粉水勾芡。

与姜汁蘸酱搭配的料理，最著名就是台湾南部的姜汁番茄切盘，因为姜的热性可以平衡番茄的凉性，所以南部很盛行吃番茄切片时，要来上一碟姜汁蘸酱。

最适合搭配切块的黑叶番茄

柚香酱

适合肉类

烤肉酱……2大匙

韩国柚子酱……2大匙

酱油……1小匙

Point !

柚子酱自制法
可参考第196页

用来当鸡块蘸酱，别有风味

小贴士

柚子酱又称为柑橘酱，是将柑橘类的果皮、果汁，混合了糖与水，按比例拌匀煮开至水分收干所制成的果酱。

很多人会拿韩国柚子酱调制饮料，其实柚子酱也可以拿来调配成酱汁，搭配肉类料理不仅能够品尝到柚子的香气，也提升了料理的清爽口感。

做法

❶ 将烤肉酱、柚子酱、酱油倒入锅里混合均匀，转小火煮开。

❷ 煮酱的过程要不时搅拌，煮至有浓稠的感觉即可。

肉臊酱

适合拌面、拌饭、烫青菜

肉馅……250 克
油葱酥……20 克
酱油……4 大匙
冰糖……1 大匙
水……200 毫升
粗黑胡椒粒……适量

小贴士

肉馅的肥瘦比例可以选择 7：3，这样炒起来会更香喔！另外，最后转小火煮的时候要特别注意水量，水太少的话要视情况再加热水，直至肉臊颜色变深后才可起锅。

做法

❶ 起油锅，开中火后放入肉馅，炒至肉馅油分已逼出，放入油葱酥。

❷ 继续炒至油葱酥香味散发出来，再开中大火加入酱油、冰糖、粗黑胡椒粒，炒至糖融化，黑胡椒有香味。

❸ 最后加入水，用小火煮约 20 分钟就完成了。

咖喱酱

洋葱……1/2半颗
大蒜……2瓣
奶油……1大匙
糖……1小匙
咖喱粉……20克

适合拌面、烩饭、豆腐

炸猪排淋上咖喱酱，
美味加分

小贴士

可以准备两种不同产地的咖喱粉来调制，印度产的咖喱粉颜色较深、香味较重，台湾自制的咖喱粉颜色则偏黄。使用两种咖喱粉做出来的咖喱酱，味道更好而且色泽也更漂亮。但在炒制时要注意火候，因为咖喱粉很容易烧焦，所以炒至有香味散发出来即可。

做法

❶ 将洋葱、大蒜切碎备用。

❷ 用小火融化奶油，爆香洋葱、大蒜后，加入咖喱粉拌炒至香味溢出。

❸ 加入糖拌炒，煮开后续煮约2分钟即可关火。

与牛柳一同拌炒，即
为"黑胡椒牛柳"。

黑胡椒酱

适合面、肉类

洋葱……1/2颗

大蒜……4瓣

奶油……1大块

粗黑胡椒粒……2大匙

面粉……2大匙

盐……1小匙

糖……1小匙

水……600毫升

小贴士

黑胡椒酱的主要材料就是黑
胡椒，它是胡椒的种子，在
未成熟的时候就摘下使用，
味道清新且拥有特殊的辛辣
口感。但是要特别注意，研
磨成粉状的黑胡椒，若是和
空气接触便会失去香气，因
此可考虑买黑胡椒粒，要使
用时再研磨。

做法

❶ 洋葱及大蒜切末备用。

❷ 将锅烧热并放入奶油以小火
融化后，加入蒜末爆香，再
放入洋葱炒软至半透明状。

❸ 放入黑胡椒拌炒至香气出来
后，倒入面粉拌炒均匀，再
加水熬煮。

❹ 汤汁渐渐收干后，加入糖、
盐调味即可盛起。

蒜蓉酱

适合水饺、海鲜、
豆腐、水煮肉

嗜辣者可加些辣
椒，风味更足。

酱油 …… 2 大匙

大蒜 …… 3 瓣

水 …… 1 小匙

白醋 …… 1/2 大匙

香油 …… 1/2 大匙

做法

❶ 将大蒜切末备用。

❷ 将所有材料混合搅拌
均匀，加入蒜末即可。

小贴士

蒜蓉酱顾名思义，主材料就是
大蒜末，再加入其他调味料调
合而成。大蒜是对人体健康很
有益的食材，其特殊的香气常
被广泛运用于各种料理上。
口感辛香的蒜蓉酱，除了是水
煮肉的绝妙搭档之外，用来当
水饺酱汁、海鲜淋酱或蘸酱都
很适合，最有名的菜色就是蒜
泥白肉。

蜜汁酱

适合肉类

酱油……1大匙

番茄酱……1小匙

蜂蜜……1大匙

白胡椒……少许

做法

取一空碗，将所有材料
混合、拌匀即可。

小贴士

蜜汁酱就是要带点甜味的口感，
因此有些人会使用麦芽糖来制
作。这里用的是蜂蜜，如果觉得
不够甜可以再加入一些味醂。
便当店卖的蜜汁鸡腿、蜜汁排骨
是不是总让你口水直流？其实做
法超简单！只要将酱油、番茄
酱、蜂蜜调匀，淋上肉类料理就
能满足各位饕客的嘴喽！

橙汁酱

适合肉类

柳丁……2.5 颗

柠檬汁……1 小匙

糖……1 小匙

马铃薯淀粉……1 小匙

水……50 毫升

做法

❶ 柳丁洗净后用汤匙挖出柳丁果肉切小丁，果汁备用。

❷ 取小锅，放入 1 小匙砂糖，用小火加热至融化。

❸ 将柳丁果肉与果汁、柠檬汁放入锅里同煮。

❹ 煮开后倒入马铃薯淀粉水（将马铃薯淀粉与水混合拌匀）勾芡即可。

小贴士

橙汁酱中的酸甜口感，可视个人口味调整，喜欢吃甜一点的可多加糖，喜欢吃酸一点的可多加一些柠檬汁。市售的橙汁酱多半使用浓缩果汁制成，糖分含量较高，建议自行榨汁制作，不仅较健康，也能保有水果的香味。

茄汁酱

适合饭、面

番茄……2颗
洋葱……100克
盐……1小匙
冰糖……1小匙

用牛番茄制作为佳

小贴士

茄汁酱其实就是番茄酱，市售的罐装番茄酱虽然很便利，但有不少人会担心里面添加防腐剂或对健康有害的成分。其实自制茄汁酱非常简单，煮好后装入玻璃罐冷藏保存，不论是炒饭、炒蛋或煮意大利面，都能吃到美味与健康喔！

做法

❶ 番茄洗净，在底部划十字后，放入沸水煮熟捞起。

❷ 将番茄去皮后，和洋葱一起放入果汁机打碎。

❸ 把步骤❷的番茄泥放入锅中，加入盐、糖，熬煮至浓稠状。

❹ 煮好的热番茄酱，可倒入消毒过的玻璃罐里，倒扣放置于阴凉处，冷却后再放冰箱冷藏保存。

日式淋酱

适合炸物

葱末……1大匙
辣椒末……1小匙
蒜末……1小匙
姜末……1小匙
酒……1大匙
味醂……1大匙
糖……1大匙
酱油……1.5大匙
水果醋……1.5大匙
麻油……1小匙

做法

取一空碗，将所有材料混合、拌匀即可。

小贴士

日式淋酱很适合用来配炸物吃，只要把酱淋到刚炸好的炸物上，做法简单又容易，好吃到让人一口接一口停不下来。

海鲜淋酱

适合海鲜

葱末……1大匙

姜末……1大匙

蒜末……1大匙

辣椒末……1大匙

酱油……2大匙

糖……1小匙

米酒……1小匙

乌醋……1小匙

水……1大匙

马铃薯淀粉……1小匙

小贴士

香浓美味的酱汁，淋在煎得又酥又香的鱼排上最对味！步骤简单又容易，只要准备家里就有的辛香料、调味料，一起调匀后淋在海鲜食材上就可以了。

做法

❶ 起油锅，将葱、姜、蒜、辣椒末倒入爆香。

❷ 将酱油、糖、米酒、乌醋、水、马铃薯淀粉调匀后，倒入步骤❶里煮开。

白味噌⋯⋯ 2大匙
芥茉籽酱⋯⋯ 1大匙
冷开水⋯⋯ 2大匙
柴鱼粉⋯⋯ 1小匙
酱油⋯⋯ 1/2小匙
麻油⋯⋯ 1小匙

味噌淋酱

适合蔬菜

做法

取一空碗，将所有材料
混合、拌匀即可。

小贴士

味噌淋酱很适合淋在时蔬
上，偶尔想吃清淡一点又怕
水煮青菜没味道，加入适量
的自制味噌淋酱来搭配就可
以喽！
这道酱料中的柴鱼粉是增
鲜、添层次用的调味品，主
要是用来取代味精，只需少
量加入即可，过量恐会出现
口干舌燥的症状。

奶香腐乳酱

适合海鲜

鲜奶……100毫升
玉米粉水……100毫升
豆腐乳……半罐
砂糖……1大匙

做法

❶ 起油锅，倒入豆腐乳加热，再倒入鲜奶用小火煮沸。

❷ 倒入玉米粉水，煮至有点浓稠状。

❸ 加入砂糖搅拌至溶化就完成了。

小贴士

豆腐乳是以豆腐发酵腌制做成的食品，口味因地而异，有偏甜的也有偏辣的。

这道散发奶香又有豆腐乳特殊气味的酱料，吃起来酸甜浓郁，很适合当海鲜料理的淋酱，淋在炸虾上吃起来最对味。除此之外，豆腐乳因为本身就已经有咸味了，所以不需再加盐。

台式万用酱

适合各式料理

白醋 …… 3 大匙
酱油 …… 3 大匙
味醂 …… 1 大匙
开水 …… 2 大匙
香菜末 …… 1 大匙
辣椒末 …… 1 小匙
蒜末 …… 1 小匙

做法

❶ 取一空碗，将所有材料混合、拌匀即可。

❷ 如需保存此酱日后备用，制作时先不要加香菜，待食用时再拌入酱料中。

小贴士

取名为台式万用酱，就是因为做法简单而且万用，不论是当凉拌酱、清蒸酱、肉片酱都很对味，就连当水饺酱汁也很适合！

使用香菜是因为它具有特殊的香气，而且富含许多营养素，包含维生素 C、矿物质、铁，因生吃最能完整摄取香菜的营养，建议在料理完成后再撒上洗净的香菜来食用，不需再特别煮过。

万用酸辣酱

适合肉类、海鲜

红辣椒……300克

大蒜……250克

米醋……适量

盐……1大匙

糖……3大匙

香油……1大匙

小贴士

喜欢吃辣的人，一定不能错过这个又酸又辣的万用酸辣酱，不仅可以当作肉类、海鲜酱，甚至也能当凉拌酱使用。若觉得不够辣的话，可以把辣椒换成朝天椒，辣度更够！

做法

❶ 大蒜剥皮后切碎、辣椒切碎，放入锅里。

❷ 倒入米醋，用量盖过食材即可，再放入盐、糖，用中小火煮，煮沸后再续煮约3分钟。

❸ 熄火放至冷却，最后淋上香油即可。

蒜泥梅酱

适合肉类

蒜末……2大匙

蚝油……3大匙

糖……2大匙

米酒……2大匙

话梅……1颗

水……100毫升

做法

❶ 将话梅去籽，梅肉切碎备用。

❷ 取一汤锅，将全部材料、话梅肉一同放入。

❸ 煮沸后即为蒜泥梅酱。

小贴士

蒜泥梅酱是将蒜泥酱调和后，再搭配话梅肉煮沸，可以拿来当蒸酱，也很适合当蘸酱、淋酱，例如台湾小吃黑白切、白切肉都可以搭配。

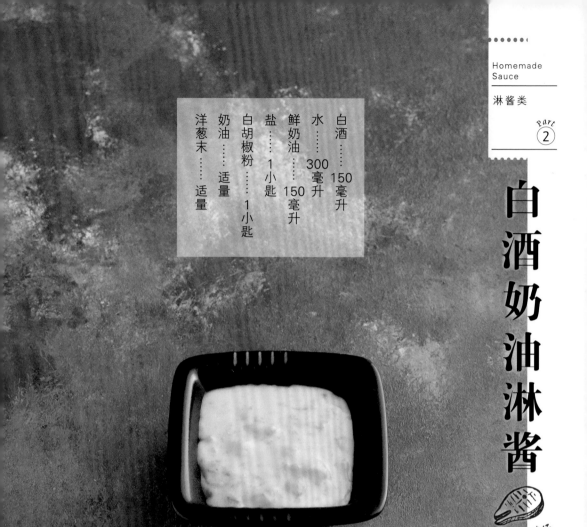

白酒奶油淋酱

白酒……150毫升

水……300毫升

鲜奶油……150毫升

盐……1小匙

白胡椒粉……1小匙

奶油……适量

洋葱末……适量

适合西式浓汤、
意大利面、
焗烤类料理

小贴士

白酒奶油淋酱很适合用来搭配意大利面，或是煮成浓汤、做焗烤起司，吃起来散发淡淡的白酒香又有浓浓的奶香味喔！

做法

❶ 起油锅，将洋葱炒香。

❷ 加入奶油、白酒、水、鲜奶油、盐、白胡椒粉，调匀即可。

柠檬鱼汁酱

红辣椒……1根

大蒜……2瓣

香菜……适量

柠檬汁……3大匙

水……2大匙

鱼露……2大匙

果糖……1大匙

做法

❶ 将红辣椒、大蒜、香菜切末，放入一空碗里。

❷ 加入柠檬汁、水、鱼露、果糖，搅拌均匀即可。

适合清蒸料理

小贴士

柠檬鱼汁酱最适合搭配清蒸料理，例如蒸鱼、蒸肉等，利用蒸煮的方式品尝食材的天然美味，再加入酸甜的酱料提升料理的口感层次，整体味道非常下饭，可说是种极为实用的酱料。

红油抄手酱

红油 …… 1 大匙

葱末 …… 1 小匙

蒜末 …… 1 小匙

香菜末 …… 1 小匙

乌醋 …… 1/2 大匙

麻酱 …… 1 匙

做法

取一空碗，将所有材料
混合、拌匀即可。

小贴士

喜欢吃辣的人，一定不
能错过又麻又香的红油
抄手酱，利用红油与其
他调味料所调制出来，
吃起来带有乌醋的香
味，辣度又被醋给中和
所以不会过呛，最适合
用来搭配馄饨、干面及
干板条。

适合馄饨、干面、
干板条

辣味芝麻酱

冷开水……3大匙

芝麻酱……1大匙

辣椒酱……1小匙

辣油……1小匙

醋……1小匙

白芝麻……1小匙

酱油……1小匙

做法

取一空碗，将所有材料混合、拌匀即可。

小贴士

辣油就是辣椒油，它是辣椒的调味品，主要是用食用油与干辣椒粉调配所制成，加入芝麻、蒜泥或其他酱料就能调和出不同风味的辣味酱料。

喜欢吃辣的人，可以自己调味成辣味芝麻酱，用来拌面、板条都很适合，或当成凉面酱汁也很对味！

适合拌面、馄饨、干板条

番茄酱……2大匙

辣椒酱……1大匙

细味噌……1大匙

水……4大匙

味醂……1匙

海山酱……1大匙

蚵仔煎酱

适合蚵仔煎、
虾仁煎

做法

❶ 将材料拌匀，放入锅里煮沸。

❷ 煮沸后盛起放凉，蚵仔煎酱就完成了。

小贴士

蚵仔煎是著名的台湾美食小吃，最令人赞不绝口的就是那吃起来甜而不腻的酱料，其实自己做也非常容易。虽名为"蚵仔煎酱"，但用在虾仁煎等同类料理上，一样好吃。

日式酱汁

淡酱油……4大匙
米酒……4大匙
味醂……4大匙
糖……1大匙
水……2大碗
姜汁……1匙
洋葱……1/2颗切丝

适合亲子饭类料理

小贴士

日式的酱汁吃起来有点甜中带咸的口感，和台式的酱油口感很不同，这类酱汁最常用来当亲子丼酱汁，非常下饭！亲子丼就是将鸡肉、鸡蛋（或鲑鱼跟鲑鱼卵）一起料理，鸡肉代表父母亲、鸡蛋代表孩子，不论是用里脊肉或鸡胸肉来做都很好吃，再淋上日式酱汁就能让人忍不住一口接一口地吃个不停。

做法

❶ 将材料拌匀，放入锅里煮沸。

❷ 煮沸后盛起即可。

泰式凉拌酱

红辣椒末 …… 1大匙

蒜末 …… 1大匙

香菜末 …… 1大匙

水果醋 …… 100毫升

鱼露 …… 1.5大匙

果糖 …… 1大匙

柠檬汁 …… 1大匙

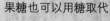

适合海鲜

做法

❶ 取一空碗，将水果醋、鱼露、果糖、柠檬汁混合均匀。

❷ 再加入红辣椒、蒜末、香菜末搅拌即可。

小贴士

要有泰式酱料的酸、甜、辣口感，绝对少不了辣椒、鱼露、糖、柠檬这几个主要食材，可自行调配创造更多酱料变化。这类酱料很适合与凉拌花枝、凉拌虾仁、凉拌生菜、凉拌青木瓜来搭配。

果糖也可以用糖取代

蒜蓉海鲜酱

适合肉类、海鲜

酱油膏 …… 1 大匙
砂糖 …… 1 小匙
米酒 …… 1 大匙
香油 …… 1/2 小匙
蒜末 …… 1 小匙

做法

取一空碗，将所有材料混合、拌匀即可。

小贴士

蒜蓉海鲜酱很适合用来淋在肉片、海鲜上，或是凉拌菜上面。大蒜特殊的香气，混合了酱油膏、米酒、香油拌匀，能让食材更好吃。

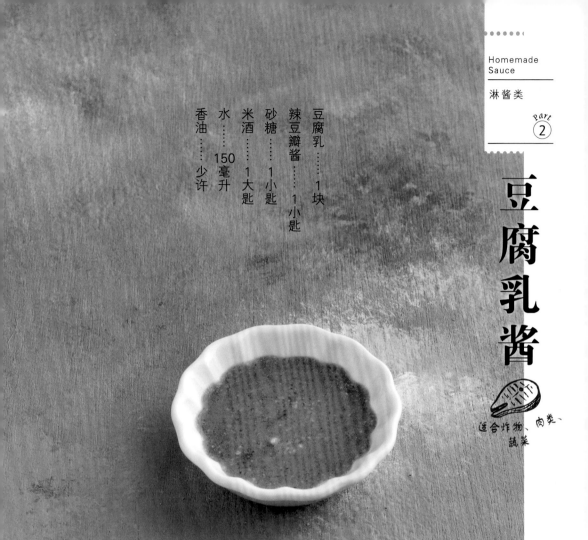

豆腐乳酱

适合炸物、肉类、蔬菜

豆腐乳……1块
辣豆瓣酱……1小匙
砂糖……1小匙
米酒……1大匙
水……150毫升
香油……少许

做法

① 取一空碗，将豆腐乳压成泥状，与水一起搅拌均匀。

② 将剩下材料混合拌匀即可。

小贴士

用豆腐乳、辣豆瓣酱调配而成的豆腐乳酱，很适合用来当淋酱，淋在蔬菜、炸物、肉类上，或是当蔬菜或肉类的炒酱都很适合，吃起来有点甜又带点辣度，多层次的口感让人一口接一口，好吃到停不下来。

青葱酱

适合拌面、拌饭

葱末 …… 1 大碗
姜末 …… 1.5 大匙
盐 …… 1.5 小匙
色拉油 …… 150 毫升

小贴士

青葱酱可说是一般家里的最常见的酱料，不论是拌面、拌饭，或是淋在白斩鸡上做成葱油鸡都很适合。

Point !

色拉油倒入碗里时要小心，以免喷溅。

做法

❶ 取一空碗，放入葱末、姜末、盐备用。

❷ 将色拉油倒入锅中，烧热后倒入步骤❶的碗里，搅拌均匀即可。

酒酿酱

适合海鲜

酱油……1小匙

酒酿……2大匙

水……2大匙

冰糖……1小匙

做法

取一空碗，将所有材料混合、拌匀即可。

小贴士

酒酿酱因为带有酒味，所以很适合用来拌虾子或海鲜料理，不需要太多调味料的调味，就能吃到食材本身的甜味和酒酿的香气。

可使用温热的水先溶化砂糖

酒酿酱虾

酒酿酱……适量

白虾……10尾

洋葱末……2大匙

辣椒末……1小匙

蒜末……1大匙

姜末……1大匙

若想保持鲜虾口感，也可在步骤❷取出虾子后先盛盘，将步骤❸的酒酿酱淋在虾子上即可。

做法

❶ 虾子洗净、剪去长须，挑去肠泥后拭干水分。

❷ 起油锅，把虾子煎熟后取出备用。

❸ 同一锅中继续放入洋葱末、辣椒末、蒜末、姜末拌炒，最后放入酒酿酱，用小火煮至汤汁快收干前，将步骤❷的虾子倒回锅中，汤汁几乎收干即可起锅。

椰汁咖喱酱

椰浆……3大匙
咖喱酱……1.5大匙
糖……1小匙
鱼露……1小匙
奶油……1大匙
洋葱末……少许

适合海鲜、肉类

做法

❶ 将材料拌匀，放入锅里煮沸。

❷ 煮沸后盛起即是椰汁咖喱酱。

小贴士

将咖喱酱加入鱼露、椰浆，就变身为充满东南亚风味的料理，可以用来炒菜或是蒸鱼、蒸肉，吃起来都很对味。

红咖喱酱

适合海鲜

红咖喱酱……2 大匙

鱼露……1 小匙

椰糖……1 小匙

洋葱末……1 小匙

辣椒末……1 小匙

蒜末……1 小匙

做法

取一空碗，将所有材料混合、拌匀即可。

小贴士

将红咖喱酱与调味料混合后，就可以当作海鲜蘸酱或淋酱，尤其是生蚝这类腥味较重的食材，搭配红咖喱酱特别对味。

泰式咖喱有三种，如按辣度排序，最辣的是绿咖喱，红及黄咖喱次之。

甜醋酱

适合海鲜

苹果醋……2大匙

红酒……1小匙

香油……少许

做法

取一空碗，将所有材料混合、拌匀即可。

小贴士

将醋与红酒、香油调匀即为甜醋酱，用来搭配海鲜或鱼类非常适合，甜甜酸酸又带着清香口感，在夏日气温太高没有食欲时，冰透后拿来当蘸酱，可以让人胃口大开。

炸酱

适合家常面条、
扁面条、饭

肉馅……200克
豆干……6片
蒜末……适量
甜面酱……2大匙
豆瓣酱……1大匙
酱油……1大匙
冰糖……1小匙
水……200克
马铃薯淀粉……2小匙
姜末……1小匙
蒜末……1小匙

小贴士

炸酱非常适合用来搭配在面、饭上，平时可以做多一点分装成数小包冷冻，使用前再退冰加热即可，方便快速又好吃！
炸酱面中的灵魂调味料就是甜面酱，甜面酱吃起来甜中带有少许咸味，除了运用在炸酱、烤鸭蘸酱，也是酱爆、酱烧菜不可或缺的重要佐料喔！（甜面酱做法参见第80页）

做法

❶ 将豆干切丁、洋葱切末备用，再将马铃薯淀粉混合2大匙水（材料外），调成马铃薯淀粉水备用。

❷ 起油锅，爆香姜、蒜及洋葱，下肉馅，炒至肉末粒粒分明且变白色。

❸ 下豆瓣酱、甜面酱，炒至香味飘出后，下豆干丁，续炒至，肉馅的油都逼出来，再下酱油、冰糖，炒至材料都上色再加水。

❹ 酱汁煮沸后转小火，熬煮约15分钟，起锅前淋少许步骤❶的马铃薯淀粉水勾芡即可。

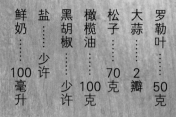

罗勒叶…… 50克

大蒜…… 2瓣

松子…… 70克

橄榄油…… 100克

黑胡椒…… 少许

盐…… 少许

鲜奶…… 100毫升

青酱

适合面条、面包、海鲜料理

小贴士

青酱是源起于意大利的调味酱，主要材料为罗勒、松子与橄榄油。如果买不到松子，也可以用烤香的核桃或其他坚果取代，一样能散发出酱料的香气。另外，青酱遇到空气很容易氧化变黑，加入1小匙柠檬汁可防止氧化。

做法

❶ 将罗勒叶去梗洗净擦干、大蒜剥皮切碎备用。

❷ 松子用小火烘炒，直至香气散发出来，烘炒时要注意不能烧焦。

❸ 将罗勒叶、大蒜、松子、鲜奶、盐、黑胡椒、橄榄油放入果汁机或调理机打成泥状即可。

红辣椒……500克
大蒜……200克
酱油……6大匙
冰糖……3大匙

辣椒酱

适合拌面、水饺、肉类

做法

❶ 将辣椒洗净切成小段，用调理机打碎成辣椒末备用。

❷ 将大蒜去皮，用调理机打碎成蒜末。

❸ 起油锅，放入蒜末用小火炒香，翻炒 8 ~ 10 分钟，让蒜末变微黄、散发出蒜香。炒的时候要不停搅拌，以免烧焦。

❹ 放入辣椒末、酱油、冰糖，再用小火煮 8 ~ 10 分钟，调味可自行酌量增减。

❺ 放入已消毒的玻璃罐中，瓶盖锁紧后马上倒扣放凉，冷却后即可放入冰箱保存。

番茄肉酱

适合面、饭

肉馅……250克

牛番茄……3颗

洋葱……半颗

酱油……2小匙

水……2碗

盐……适量

凤梨……少许

小贴士

番茄的种类众多，牛番茄指的是直径较大的番茄，可熟食亦可鲜食，将牛番茄打碎并和肉馅拌炒，就是酸甜好吃的番茄肉酱。这是一道以肉馅、番茄为主原料所制而成的酱料，常和意大利面条一起食用，吃起来口感酸甜开胃，不管是当淋酱或拌酱，都能让人胃口大开！

做法

❶ 将牛番茄底部以刀划十字，放入沸水中略浸泡后取出去皮，以果汁机打碎，凤梨切小丁，洋葱切末备用。

❷ 起油锅，将洋葱炒至变半透明后，放入肉馅炒至半熟，并加入酱油炒至上色。

❸ 倒入碎牛番茄及凤梨丁，以小火拌炒后再倒入2碗水，并盖上锅盖以中火焖煮至沸，再转小火焖煮约20分钟。煮好后可边试味道，若不够咸再加盐调味。

马铃薯……1颗

洋葱……1颗

牛奶……90毫升

蘑菇……90克

奶油……30克

盐……适量

黑胡椒……适量

奶油蘑菇酱

适合面、饭、蔬菜

做法

❶ 将马铃薯削皮切片、洋葱切末、蘑菇切片备用。

❷ 取一空锅烧热后，放入20克奶油，小火融化后放入洋葱末，炒软后再加入马铃薯片拌炒。

❸ 将步骤❷材料与牛奶放入果汁机打匀备用。

❹ 另取锅烧热，放入10克奶油，小火融化后放入蘑菇片拌炒，再加入步骤❸一起熬煮，最后可适量加入盐、黑胡椒来调味。

小贴士

奶油蘑菇酱也可称为白酱，是著名的意大利酱料，其实这道酱料不仅可搭配在饭、面上，做成焗烤料理或与蔬菜、海鲜搭配也很对味！

马铃薯可以用自制面糊取代。方法是空锅烧热后，以小火融化奶油，再倒入面粉炒香，其余步骤相同。

番茄酱……2大匙
白醋……1大匙
冰糖……2大匙

与炸透的小排骨、青椒、红椒、洋葱及凤梨同炒，即为"糖醋排骨"。

糖醋酱

适合海鲜、肉类

做法

将所有材料调匀混合拌匀即可。

小贴士

糖醋酱是肉类料理的绝配，主要材料番茄酱可以买市售的，也可以自制。

自制番茄酱的方法是将 2 颗牛番茄洗净，用刀在底部划十字，放入小烤箱烤约 15 分钟，去皮切块后再与 1 颗洋葱放入果汁机打碎，打碎后与适量盐、冰糖 20 克，一起放入锅中熬煮至浓稠即为番茄酱。

宫保酱

适合肉类

蚝油……2大匙
白醋……2大匙
番茄酱……1大匙
糖……少许
米酒……1大匙
大蒜……3瓣
葱……2根
姜……适量

小贴士

宫保酱本身并不带辣
味，著名的宫保鸡丁是
在拌炒时才加入花椒
粒，又麻又香的口感，
让人吃一口就难以忘
怀！
另外，干辣椒不会辣，
若辣度要增加，需加入
新鲜辣椒。

做法

❶ 大蒜切碎、葱切成段、姜切
片备用。

❷ 将所有材料拌匀即可。

三杯酱

酱油 …… 2大匙

米酒 …… 2.5大匙

麻油 …… 2大匙

冰糖 …… 1大匙

蚝油 …… 2大匙

适合肉类、菇类、小卷料理

做法

将所有材料调匀即可。

小贴士

三杯是台湾常见的料理，常运用于鸡肉、小卷上，三杯指的是"酱油、米酒、麻油"，因为每种各约一杯，故称为三杯。三杯是重油及重味的料理，是很下饭的台湾味。

将鸡腿块外皮煎香后，倒入三杯酱烧透，酱汁快收干前撒入九层塔，即为"三杯鸡"。

红葱头 …… 300 克

猪油 …… 400 克

油葱酱

适合面、饭、青菜

做法

❶ 红葱头剥皮后，逆纹切片备用。

❷ 锅中倒入猪油，将油烧热后，分次少量放入红葱头。

❸ 开中火搅拌红葱头，炸至微金黄色即可捞起盛盘，放凉备用。

❹ 红葱头沥干放凉后，与猪油一同混合就完成了。口味比较重的人可再加酱油调味。

小贴士

烫青菜、烫面条、干拌面，只须加入小小一匙油葱酱就能大幅提升口感，平常可以自制油葱酱当常备酱，只要装入密封罐内冷藏，肚子饿时随时煮个面搭配油葱酱来吃，简单又方便！如果不放心购买市面现成猪油，其实也可以自制。准备猪肥油丁约500克，放入锅中用中小火加热至金黄色后，便可熄火将渣捞起。

麻婆酱

适合拌面、烩饭、豆腐

辣豆瓣酱……2大匙
酱油……2大匙
米酒……1大匙
水……1小匙
马铃薯淀粉水……1小匙
香油……1小匙
盐……适量
花椒料……少许
蒜末……1小匙
姜末……1小匙

小贴士

> 麻婆酱中的材料辣豆瓣酱是以壳物（黄豆）发酵制作而成，口感浓稠醇厚。而麻婆酱则强调口感麻、辣、咸，不论是拿来拌面或做成烩饭都很美味，最著名的料理就是"麻婆豆腐"。

做法

❶ 起油锅，先用小火爆香花椒粒，注意不要烧焦。接着放入蒜末及姜末，爆香后倒入所有材料。

❷ 将材料拌匀，可视情况再加点水，煮沸即可盛起。

日式照烧酱

适合拌面、拌饭

冷开水 …… 3大匙

酱油 …… 1大匙

蚝油 …… 1大匙

糖 …… 1大匙

香油 …… 1/2大匙

味醂 …… 1小匙

马铃薯淀粉 …… 1大匙

黑胡椒粉 …… 1小匙

盐 …… 1小匙

做法

❶ 将冷开水煮沸，加入酱油、蚝油、糖、香油及味醂，搅拌均匀。

❷ 加入马铃薯淀粉、黑胡椒粉、盐来勾芡，煮至浓稠状即可熄火。

小贴士

照烧酱的调料之一"蚝油"，是用鲜蚝、盐水熬成的调味料，带有黏稠感，能引出食物的鲜味，很常用来做勾芡、腌料、炒菜的调味酱料。

日式照烧酱的酸甜口感很适合用来拌面、拌饭，或是刷在肉片上，与台式酱油吃起来的口感完全不同！

鸡腿排抹上日式照烧酱后烤熟，即为照烧鸡腿。

虾酱

适合炒饭、炒菜

虾米……40克

油葱酥……1小匙

鱼露……1小匙

酱油……1小匙

糖……1小匙

小贴士

虾酱是东南亚料理很常见的酱料，常在炒菜时当炒酱使用，吃起来有特殊的咸香气味，常见的料理有虾酱空心菜、虾酱四季豆、虾酱炒饭等。

使用虾酱时，务必要完全炒透，炒到腥味转为香味后，再放入其他食材。

做法

❶ 虾米泡水后沥干，与油葱酥一起放入调理机搅碎。

❷ 取一干锅，放入步骤❶炒香。

❸ 继续加入酱油、鱼露、糖，拌炒约 2 ~ 3 分钟即可。

XO干贝酱

适合炒饭、拌面、青菜

干贝⋯⋯ 150 克
虾米⋯⋯ 2 大匙
大蒜⋯⋯ 6 瓣
红葱头⋯⋯ 4 瓣
红辣椒⋯⋯ 1 条
酱油⋯⋯ 2 大匙
蚝油⋯⋯ 2 大匙
米酒⋯⋯ 适量

做法

❶ 干贝洗净后泡米酒（盖过食材），放入电锅，外锅用一杯水蒸约 20 分钟，放凉后用手剥成丝状；大蒜去皮切碎备用。

❷ 虾米泡软洗净，红葱头去皮，与虾米一起放入果汁机打碎（可加入少许色拉油），备用。

❸ 辣椒切碎后，放入果汁机打碎（可加入少许色拉油）备用。

❹ 起油锅，放入蒜末炒至颜色微黄后，加入干贝丝翻炒。

❺ 继续加入碎虾米、红葱头、辣椒泥翻炒。

❻ 最后放入蚝油、酱油调味，炒至香味散发出来即可熄火。

豆豉酱

适合海鲜、
蒸排骨、炒菜

豆豉……80克
大蒜……3瓣
红葱头……3瓣
姜末……1大匙
红辣椒……1条

【调料】

蚝油……2大匙
米酒……3大匙
酱油……1大匙
糖……2大匙
香油……2大匙
水……适量
胡椒粉……适量

小贴士

豆豉酱的主要材料是豆豉，又可称为荫豉，是由大豆蒸透后发酵，并反复蒸晒氧化变黑所制成。豆豉的特殊香气可以增进食欲、促进营养吸收，适合用来当炒菜、蒸鱼的酱料。

做法

❶ 将豆豉洗净后，切碎备用。

❷ 大蒜、红辣椒、红葱头各切成碎末后备用。

❸ 起油锅，用小火爆香姜末、蒜末、红辣椒、红葱头末后，再加入豆豉一起拌炒。

❹ 加入调料，煮沸后即可熄火。

圆糯米 …… 600克

红曲米 …… 100克

米酒 …… 1瓶

红糟酱

适合肉类、鱼类、炒饭

做法

❶ 红曲米泡米酒后，放隔夜备用。

❷ 圆糯米洗净并泡水 10 分钟后，放入电锅煮成糯米饭。

❸ 糯米饭放至微温，放入步骤❶的红曲米与米酒一起拌匀，再分装放入玻璃罐，最多只能放到 8 分满（玻璃罐要事先洗净并烘干杀菌）。

❹ 放室温等待发酵，7 ~ 10 天即可放冰箱冷藏。

面粉……200克
酱油……2大匙
糖……3大匙
水……适量

甜面酱

适合肉类、拌面

小贴士

甜面酱又称为甜酱，是用面粉为主原料制成的，是北京烤鸭不可缺少的酱料，也很适合用来炒肉丝、拌面，但因为其高糖、高盐，所以糖尿病、高血压患者食用时要特别注意。

做法

❶ 起油锅，烧热后放入面粉，再放入酱油、适量的水拌匀。

❷ 锅中冒出均匀的泡泡、散发出香气时便放入糖，等糖融化后即可熄火放凉。

芝麻酱

适合凉面

白芝麻 …… 60克
花生酱 …… 1大匙
大蒜 …… 2瓣
酱油 …… 2大匙
香油 …… 1大匙
白醋 …… 1小匙
砂糖 …… 1大匙
冷开水 …… 3大匙

小贴士

芝麻是很常见的香料种子，主要用途是提升食物的风味，常见有黑芝麻、白芝麻两种。白芝麻较常用来制作酱料，而黑芝麻则常用来制作成甜点。扑鼻的芝麻香气，总是让人胃口大开！芝麻酱很适合用来拌面吃，最常见的就是台式凉面的拌酱。

做法

❶ 白芝麻用小火炒香备用。

❷ 将步骤❶的白芝麻与花生酱、香油、大蒜、白醋、酱油、糖、冷开水，通通放入果汁机里打匀即可。

红葱头 …… 350克

猪板油 …… 500克

水 …… 150毫升

油葱酥

适合拌饭、拌面、炒菜

做法

❶ 红葱头去皮切丁，猪板油切块备用。

❷ 猪板油与水倒入锅里，用中小火煮沸，让猪板油将水慢慢收干释放油脂，记得要不时搅拌一下。

❸ 猪板油微焦收干后，捞起猪油渣（猪油渣撒盐巴就能拌饭吃），此时锅里就剩下猪油。

❹ 将红葱头丁放入猪油锅里，开中小火，不时搅拌，让红葱头均匀受热。

❺ 红葱头颜色变为略金黄色时即可熄火，捞起放凉后即为油葱酥。

小贴士

红葱头非常容易因高温而变焦黑，当颜色变为略金黄色、有点酥脆感的时候就要赶快熄火，不要等到全变酥脆才熄火，否则起锅后会因余温持续加热，让红葱头变得焦黑。

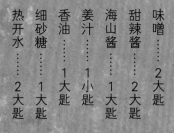

味噌……2大匙
甜辣酱……2大匙
海山酱……1大匙
姜汁……1小匙
香油……1大匙
细砂糖……1大匙
热开水……2大匙

味噌辣酱

适合拌饭、拌面

小贴士

味噌辣酱里使用的海山酱，
甜中带辣的口感，散发出道
地的台湾味，是台湾小吃里
很常见的酱料。调和味噌、
甜辣酱和海山酱而成的味噌
辣酱，吃起来辛辣中又带点
甜味，拿来拌饭、拌面、炒
肉片，可以让料理的味道更
浓醇，拥有更多层次的口感。

做法

❶ 将细砂糖与2大匙热开水搅
拌均匀，让糖溶解成糖水。

❷ 加入味噌、甜辣酱、海山
酱、姜汁、香油，搅拌调匀
即可。

冰糖卤肉酱

适合卤肉

米酒……2大匙
冰糖……2大匙
酱油膏……1大匙
酱油……2大匙
开水……2杯

做法

取一空碗，将所有材料
混合、拌匀即可。

小贴士

冰糖和其他食用糖类不同之
处，在于可以取代味精、提
升料理的甜味，吃起来不甜
腻也不会有燥热感、苦味，
非常适合用来烹饪各式食
材。用冰糖卤肉酱来卤肉，
可以让五花肉吃起来有甜味
但不甜腻，因此不会觉得很
腻口。

红烧酱

适合豆腐、
排骨类、鱼类

酱油⋯⋯4大匙

番茄酱⋯⋯1大匙

细砂糖⋯⋯1大匙

冷开水⋯⋯500毫升

小贴士

红烧酱的材料少不了酱油和糖，
酱油主要是用来带出咸度，而
冰糖用来提升食材的鲜甜滋味，
两者缺一不可。
红烧酱可说是万用酱汁之一，
跟任何食材搭配都很适合，例
如豆腐、肉类、鱼类等，只要
搭上红烧酱，就是一道香色味
俱全的下饭料理。

做法

取一空碗，将所有材料
混合、拌匀即可。

韩式拌酱

适合拌饭、拌面、辣炒年糕

韩式辣椒酱……1大匙

酱油……2大匙

水果醋……1大匙

糖……1大匙

香油……1小匙

姜泥……1小匙

蒜末……2小匙

葱末……适量

熟白芝麻……适量

辣椒粉……少许

做法

取一空碗，将所有材料混合、拌匀即可。

小贴士

韩式拌酱最常用于韩式拌饭上，这道酱料的底酱是韩式辣椒酱，目前台湾可买到多款此类辣酱，但几乎全都非常浓稠且很咸，建议稀释后使用。

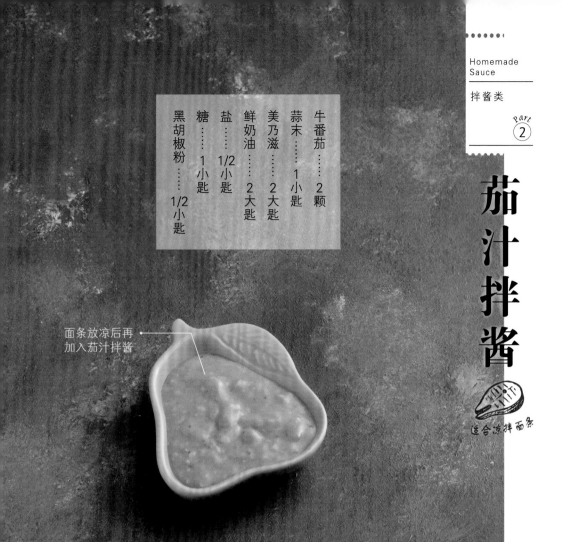

牛番茄……2颗
蒜末……1小匙
美乃滋……2大匙
鲜奶油……2大匙
盐……1/2小匙
糖……1小匙
黑胡椒粉……1/2小匙

面条放凉后再
加入茄汁拌酱

茄汁拌酱

适合凉拌面条

小贴士

番茄是料理中常见的食材，用来自制拌酱美味好吃又营养，因为番茄加热烹煮后，能释出更多茄红素。这个拌酱因为加入奶油、美乃滋，又甜又酸的味道，适合用来作为凉面的酱汁或是淋在面条、米饭上食用。

做法

❶ 将牛番茄放入果汁机中，打成泥状备用。

❷ 将番茄泥、蒜末、美乃滋、鲜奶油、盐、糖、黑胡椒粉搅拌均匀即可。

青木瓜凉拌酱

适合蔬菜

虾米……2大匙
大蒜……2瓣
红辣椒……1根
小番茄……2颗
鱼露……4大匙
糖……1大匙
柠檬汁……3大匙

做法

❶ 虾米、红辣椒、大蒜切碎，拌匀备用。

❷ 取一空碗，放入步骤❶的虾米酱、鱼露、糖、柠檬汁，搅拌均匀即可。

小贴士

泰国本地吃的凉拌青木瓜辣劲很足，来到台湾后已改良成酸酸甜甜的味道，让人在炎炎夏日也不禁胃口大开！而这酸甜的好滋味，在家就可以自行制作喽！这款青木瓜凉拌酱也很适合与其他可生食的蔬菜搭配。

越式酸甜辣酱

适合炒菜、拌沙拉、越式春卷

鱼露……3大匙
红辣椒……5根
大蒜……5瓣
砂糖……4大匙
柠檬汁……2大匙
开水……2大匙

做法

将所有材料放入果汁机中搅拌均匀即可。

小贴士

越式酸甜辣酱有很多种调配方式，据说在越南，家家都有自己的配方比例。首次调制建议先按本食谱比例，之后再依个人喜好调配，想增加酸度的话可以放多一点柠檬汁，想增加甜度则多放一点砂糖，增增减减便能调配出许多不同的口味。

蚝油拌酱

适合肉类、凉拌、清蒸蔬菜

猪油……1小匙
蚝油……1小匙
酱油……1小匙
葱花……1大匙
香油……少许

做法

取一空碗，将所有材料
混合、拌匀即可。

小贴士

蚝油拌酱的用途很广
泛，可以用来当腌料、
勾芡、蘸酱，或是当
作炒菜调味酱料来使
用。最快速的使用方
法是将青菜或菇类汆
烫后，淋上蚝油拌酱，
即是一道美味料理。

猪肉末⋯⋯300克
蒜末⋯⋯2大匙
葱花⋯⋯2大匙
沙茶酱⋯⋯3大匙
酱油膏⋯⋯4大匙
细砂糖⋯⋯1小匙
水⋯⋯200毫升

沙茶肉酱

适合面、饭或炒菜、炒肉

小贴士

沙茶酱的用途很广，常最见的就是当火锅蘸酱，除此之外也很常用来炒菜，或者当拌酱使用，沙茶的香味能让料理更加美味。此处加入肉酱，让口感更加不同，肉酱的配料可以依个人喜好做替换，例如猪肉末可以换成牛肉末，喜欢吃辣的人可以加入红辣椒末增添辣味口感。

做法

❶ 起油锅，以小火爆香蒜末。

❷ 放入猪肉末、葱花，用中火炒至肉的表面变白，再加入沙茶酱炒香。

❸ 放入细砂糖、酱油膏，煮开后加水，水开后转小火再煮约2分钟。

日式凉面酱

适合凉面

水……200毫升
味酥……2大匙
酱油……2大匙
柴鱼粉……1小匙
葱花……适量
七味粉……适量
山葵酱……适量

做法

❶ 水、味酥、酱油、柴鱼粉混和，用小火煮开拌匀后，放凉备用。

❷ 放入葱花、七味粉、山葵酱，加入步骤❶里搅拌均匀即完成。

小贴士

日式凉面吃起来和台式的口感很不一样，台式的凉面酱口感比较浓郁，因为是用芝麻来带出香气，但日式却有特殊的清香气息，吃起来非常爽口。

若要更有日式风格，可将日式凉面酱装在小碗中，取面条蘸食。

日式凉面酱……适量

荞麦面……1 把

和风荞麦凉面

做法

❶ 烧一锅沸水，放入荞麦面，煮约 3 ~ 5 分钟。

❷ 面煮好后捞起，放入冰块水中冰镇，捞起备用。

❸ 将面与日式凉面酱拌匀，即可食用。

辣味噌肉酱

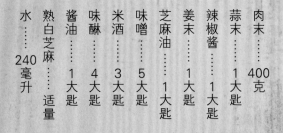

肉末 …… 400克

蒜末 …… 1大匙

辣椒酱 …… 1大匙

姜末 …… 1大匙

芝麻油 …… 1大匙

味噌 …… 5大匙

米酒 …… 3大匙

味醂 …… 4大匙

酱油 …… 1大匙

熟白芝麻 …… 适量

水 …… 240毫升

适合拌饭、拌面

小贴士

自制的辣味噌肉酱，浓浓的香气夹杂着微辣口感，拌饭、拌面都很适合。喜欢吃辣的人，辣椒酱可以多放一点，便能提高辣度。

做法

❶ 取一平底锅，放入芝麻油后开小火烧热，放入蒜末、辣椒酱拌炒。

❷ 香味散出后，放入肉末、姜末拌炒。

❸ 肉末呈现粒状后，放入水、味噌、米酒、味醂、酱油搅拌后，开中大火炖煮至汤汁收干，最后加入熟白芝麻搅拌。

番茄辣酱

适合肉类

红辣椒 …… 1 条

番茄小丁 …… 4 大匙

糖 …… 1 大匙

麻油 …… 1 小匙

小贴士

番茄辣酱的运用
很广，可以用来
炒饭也可以当作
炒菜的拌炒酱，
例如在炒饭时，
加入番茄辣酱来
拌炒，就可以尝
到酸甜中带点辣
度的美味炒饭。

做法

❶ 将红辣椒洗净切末备用。

❷ 起油锅，放入辣椒末炒
香，再放入番茄丁、糖。

❸ 煮至浓稠后，起锅前淋上
麻油即可。

蒜香胡麻酱

适合拌面、蔬菜

芝麻酱……3大匙

酱油……2大匙

黑麻油……1大匙

乌醋……1大匙

蒜末……1大匙

开水……2大匙

小贴士

胡麻就是芝麻，对人体健康有多种功效，能抗氧化、延迟老化，甚至能降低胆固醇、预防便秘，好处多多。将芝麻酱加入其他调味料调匀，就可以调配出不同的风味，除了可以拌面来吃，也能当小黄瓜的蘸酱。

做法

❶ 取一空碗倒入芝麻酱、酱油、黑麻油、乌醋、蒜末及开水。

❷ 充分搅拌均匀，让芝麻酱与其他调味料融合，直到呈现浓稠状。

胡麻凉拌小黄瓜

蒜香胡麻酱……适量
小黄瓜……6根
糖……3大匙
香油……1大匙
醋……1.5大匙
盐……1小匙

做法

❶ 将小黄瓜洗净并擦干，用刀背稍微轻拍至裂开，然后切成长条状。

❷ 放入盐搅拌均匀，再静置约30分钟，沥干水分备用。

❸ 将糖、醋、香油与小黄瓜一同搅拌均匀，放入冰箱冷藏约4小时。

❹ 淋上适量胡麻酱即可食用。

味酥腌酱

酱油⋯⋯3大匙

味酥⋯⋯1大匙

米酒⋯⋯1.5大匙

姜泥⋯⋯1小匙

葱末⋯⋯1小匙

盐⋯⋯少许

适合腌渍肉类

做法

取一空碗，将所有材料
混合、拌匀即可。

小贴士

肉类料理只要
搭配不同的腌
酱，烹调后就
能吃到不同的
风味，而用味
酥腌酱来腌的
肉类，吃起来
更多了咸中带
甜的好滋味。

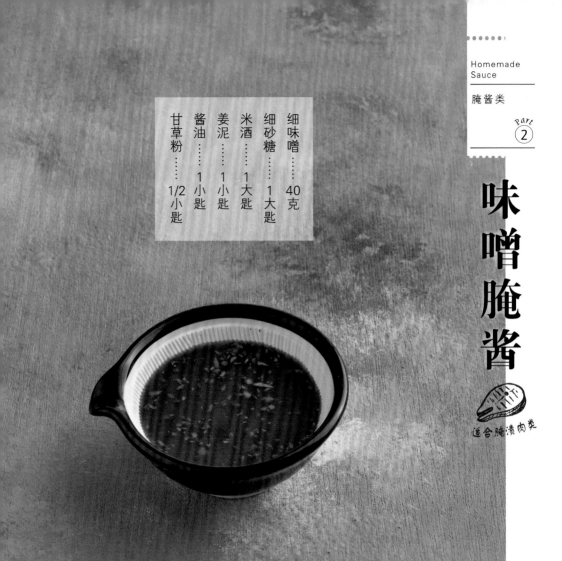

细味噌…… 40 克
细砂糖…… 1 大匙
米酒…… 1 大匙
姜泥…… 1 小匙
酱油…… 1 小匙
甘草粉…… 1/2 小匙

味噌腌酱

适合腌渍肉类

做法

取一空碗，将所有材料
混合、拌匀即可。

小贴士

味噌是由米蒸煮制曲之后，再与黄豆、盐
依比例混合，放置一段时间后所制成。味
噌的种类会依发酵时间长短而定，而细味
噌、粗味噌则是依研磨程度来区分。
用味噌来腌食物，可以让食材带有浓郁的
香气，提出肉类的鲜味。烤肉或煎肉料
理，事先用味噌腌酱腌至少 10 分钟，除
了能去除肉类的腥味，还能大幅提升美
味！

香草腌酱

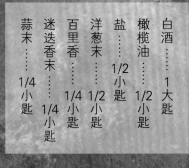

白酒 …… 1 大匙

橄榄油 …… 1/2 小匙

盐 …… 1/2 小匙

洋葱末 …… 1/2 小匙

百里香 …… 1/4 小匙

迷迭香末 …… 1/4 小匙

蒜末 …… 1/4 小匙

适合腌渍肉类

做法

取一空碗，将所有材料混合、拌匀即可。

小贴士

想要让肉类料理吃起来不那么油腻，可以用迷迭香、百里香等香辛料来腌渍，不仅能让肉品散发出阵阵香气，还能减轻肉类料理过油的口感。
制作香草腌酱时，以新鲜香草为首选，若买不到也可以改用干燥香草，但不建议用综合干燥香料。

香草腌酱……适量

去骨鸡腿排……1只

香草鸡腿

做法

❶ 鸡腿剔除多余脂肪，充分洗净后擦干。

❷ 以香草腌酱两面抹透后，放冰箱至少 20 分钟待入味。

❸ 起油锅，将鸡腿以中火煎透，即可盛盘。

番茄腌酱

适合腌渍肉类

白酒⋯⋯1大匙
番茄丁⋯⋯2大匙
番茄酱⋯⋯2大匙
橄榄油⋯⋯1小匙
蒜末⋯⋯1小匙
盐⋯⋯1/2小匙

做法

取一空碗，将所有材料混合、拌匀即可。

小贴士

混合了白酒与大量番茄的番茄腌酱，用来腌肉类料理，可以让肉类散发出番茄的酸甜香气，喜欢吃番茄的人一定不能错过！

烧肉腌酱

味酥……2大匙
白萝卜泥……2大匙
蜂蜜……1大匙
日式酱油……1大匙
白芝麻……1小匙

适合腌渍肉类

做法

取一空碗，将所有材料混合、拌匀即可。

小贴士

日式酱油与台式酱油比起来较不咸，
反而带了一点甜甜的味道，甚至还能
吃到昆布、鲣鱼的风味，口味较为清
淡，吃起来较为清爽。
想要吃到日式口感的腌酱，那就少不
了这个吃起来带有微甜口感的日式烧
肉腌酱！运用了蜂蜜、日式酱油、味
酥、萝卜泥调配而成，平凡无奇的肉
片也能变成令人惊艳的料理！

金橘汁……2大匙

糖……1小匙

盐……1/4小匙

金橘腌酱

适合腌渍肉类

做法

取一空碗，将所有材料混合、拌匀即可。

小贴士

金橘就是金柑，果肉多汁且味道甘酸，营养价值丰富，甚至有预防感冒、支气管炎等功效。

酸甜香浓的金橘酱用来腌渍肉类料理，能让肉类吃起来不这么腻口，很适合当排骨、肉片等的腌制酱料，为料理增添清爽口感。

烤鸡腌酱

白酒……2大匙

墨西哥辣椒粉……1大匙

橄榄油……1小匙

盐……1/4小匙

适合腌渍肉类

做法

取一空碗，将所有材料混合、拌匀即可。

小贴士

墨西哥辣椒的辣度，比一般红辣椒更高，新鲜的墨西哥辣椒外观呈现绿色，形状很像一颗子弹。它在美国及中南美非常受欢迎。

料理烤鸡的时候，若想要让鸡肉更入味，一定要在腌酱花费一点工夫。加入白酒、辣椒粉、橄榄油调制而成的腌酱，带点酒香又充满异国风味，美味又好吃！

罗勒腌酱

适合肉类、海鲜

橄榄油⋯⋯ 1 小匙

罗勒叶末⋯⋯ 1 大匙

盐⋯⋯ 1/4 小匙

蒜末⋯⋯ 1/4 小匙

洋葱末⋯⋯ 1/4 小匙

意式香料⋯⋯ 1/4 小匙

做法

取一空碗，将所有材料
混合、拌匀即可。

小贴士

意式香料市面即有贩售，
如买不到可以用帕玛森起
司粉与黑胡椒粒来取代。
罗勒腌酱是偏美式风味的
口感，主要是用罗勒叶与
橄榄油调制而成，撒上一
点意式香料来点缀，香味
浓郁且非常特别，拿来腌
渍肉类非常对味。

柠檬汁……3大匙

细砂糖……2大匙

鱼露……1大匙

辣椒……2根

泰式甜鸡酱

适合肉类、炸物

小贴士

泰式甜鸡酱其实就是泰式的甜辣酱，吃起来酸甜中又带点辣味，搭配炸鸡可减缓油腻感，或当作白斩鸡蘸酱，可增加甘甜口感。

做法

❶ 取一空碗，将柠檬汁、细砂糖、鱼露混合均匀。

❷ 辣椒切末，与所有材料搅拌均匀即可。

肉片腌酱

适合烤肉、炒肉

韩式辣椒酱······ 1大匙

蒜泥····· 1大匙

苹果泥····· 1大匙

酱油····· 1小匙

米酒····· 1小匙

香油····· 1小匙

细砂糖····· 1/2小匙

做法

取一空碗,将所有材料混合、拌匀即可。

小贴士

韩国以辣味美食闻名,其中又以辣酱让喜欢吃辣的人赞不绝口。利用辣酱搭配苹果泥来调制成肉片腌酱,可以让味道不只有咸味,还能带有清甜的苹果香气。

鱼片腌酱

适合腌鱼肉

米酒……1.5大匙

酱油……1大匙

马铃薯淀粉……1小匙

做法

取一空碗，将所有材料混合、拌匀即可。

小贴士

马铃薯淀粉又称为太白粉，是一种食用淀粉，烹调中用以勾芡，可以让菜肴更具光泽滑润，增添柔嫩和鲜美的口感。将鱼片先腌过再进行调理，能让肉质更软嫩好吃，腌好的鱼片无论是用酱烧或是蒸煮的方式来调理，吃起来都很美味。

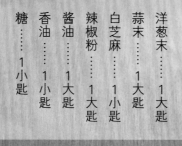

洋葱末⋯⋯1大匙
蒜末⋯⋯1大匙
白芝麻⋯⋯1小匙
辣椒粉⋯⋯1大匙
酱油⋯⋯1大匙
香油⋯⋯1小匙
糖⋯⋯1小匙

烤鱼腌酱

适合海鲜、肉类

做法

取一空碗，将所有材料混合、拌匀即可。

小贴士

用洋葱、蒜末、辣椒、酱油等调味料来腌渍肉类或海鲜，做法简单又能吃到混合着洋葱甜香、大蒜辛香的好滋味！

米酒……1小匙
山葵酱……2大匙
盐……少许

山葵腌酱

适合海鲜

做法

取一空碗，将所有材料混合、拌匀即可。

小贴士

芥末与山葵很容易让人搞混，因为它们都属于十字花科的芥属，而且都有辛辣刺鼻的气味，可是仍有很大的差别。山葵是绿色的，也是常搭配生鱼片、寿司的酱料；芥末是黄色的，因此也称为黄芥末，常搭配热狗、三明治来食用。
山葵腌酱很适合用来处理海鲜，将鲜蚵放入山葵酱腌渍后，只要氽烫一下，就是一盘美味可口的小菜。

姜汁腌酱

姜汁……1大匙
葱泥……1大匙
米酒……1小匙
糖……1小匙

做法

取一空碗，将所有材料混合、拌匀即可。

适合海鲜

小贴士

姜汁的用途非常广，可以做甜品、饮品、腌料。制作方式很简单，可以买专用的磨泥器，把姜去皮后放入磨出姜汁即可。料理腥味较重的鲜鱼或鱼片时，先以姜汁腌酱腌渍20分钟，可以去腥、提鲜，让食材增添辛香风味，可说是中式料理不可缺少的酱料之一。

茶香卤汁

适合卤茶叶蛋

红茶包⋯⋯ 6包

酱油⋯⋯ 5大匙

五香粉⋯⋯ 2大匙

八角⋯⋯ 3粒

盐⋯⋯ 1小匙

水⋯⋯ 适量

做法

❶ 取一空锅，加水煮开后，将所有材料放入。

❷ 煮沸后熄火，静待3分钟再取出茶包丢弃即可。

小贴士

茶叶蛋的做法十分简单，只要将水煮蛋壳轻轻敲出裂痕后，倒入可淹没鸡蛋的茶香卤汁，再放入电锅煮20分钟。若想要让蛋更入味，可在卤汁冷却后整锅放入冰箱静置1天，吃之前再放入电锅加热即可。

咖喱腌酱

适合海鲜、肉类

鱼露 …… 1/2 小匙
椰糖 …… 1/2 小匙
辣椒粉 …… 1 小匙
咖喱粉 …… 1 大匙
米酒 …… 1 大匙

做法

取一空碗，将所有材料混合、拌匀即可。

小贴士

椰糖就是椰子糖，它是从椰子花的汁液萃取出来的，没有过度加工且没有任何化学成分，所以西方国家越来越常拿它来当作甜味来源。

咖喱是很常见的香辛料，常见于印度菜、泰国菜、日本菜等，通常伴随肉类和饭一起吃，但其实咖喱也能做成腌酱，在油炸肉类或海鲜前，先用咖喱腌酱腌渍 20 分钟左右，炸熟后就能吃到浓浓的咖喱味。

泡菜腌酱

适合肉类

韩式泡菜……200克

泡菜汁……200毫升

姜末……2大匙

糖……2大匙

米酒……2大匙

小贴士

韩式泡菜的热量很低，又富含维生素、膳食纤维、益生菌，可以做成火锅汤底、直接食用，或当作腌料。用泡菜腌酱来腌渍肉类，能让腻口的肉类吃起来带有清爽口感。

做法

❶ 泡菜切碎备用。

❷ 取一空锅，将泡菜及所有材料加入，混合均匀煮沸即可。

小黄瓜腌酱

水……100毫升
醋……1大匙
盐……1小匙
糖……1大匙
米酒……1小匙
味醂……1小匙
蒜末……少许

适合腌渍小黄瓜

做法

取一空碗，将所有材料混合、拌匀即可。

小贴士

小黄瓜吃起来清脆可口，因此时常用来做凉拌菜或直接生吃，但食用前建议先用盐杀青或汆烫，这样能避免吃进残留的农药、细菌等有害物质。做凉拌料理时只要快速汆烫30秒，立即捞起冰镇就能维持口感和色泽。

糖 …… 3大匙

米酒 …… 1大匙

蜂蜜 …… 1大匙

味醂 …… 1小匙

蜜汁腌酱

适合肉类

小贴士

蜂蜜是蜜蜂从植物中采集的花蜜，于蜂巢中所酿制而成的，拥有天然的甜味，而且比白砂糖更容易被人体吸收。除此之外，因为细菌、酵母菌都无法在蜂蜜中存活，所以蜂蜜可常温保存，不需放入冰箱。用糖、米酒、蜂蜜制成的蜜汁腌酱，非常适合用来腌渍肉类，腌出来的食材含有蜂蜜香气，吃起来会有点甜甜的，非常顺口好吃。

做法

❶ 将所有材料放入锅里，混合搅拌均匀。

❷ 转中火煮至糖融化，汤汁呈浓稠状即可，煮的时候要不时搅拌，避免烧焦。

荫鼓腌酱

鱼露	2大匙
荫鼓	1大匙
米酒	1大匙
香油	1小匙
姜	3片切末
盐	1/2大匙

荫鼓腌酱可直接铺在鱼肚上，进锅蒸熟即为"荫鼓鱼肚"。

适合海鲜、肉类

做法

取一空碗，将所有材料混合、拌匀即可。

小贴士

荫鼓本身的味道偏咸香，且口味较重，所以用它来腌渍海鲜或肉类，基本上就不需再过多的调味。

若使用干荫鼓建议先泡水再使用，口感、味道才会更好。

鸡胸肉切小块用红
槽腐乳腌酱腌渍
后，下锅炸熟即
为"腐乳鸡"。

红糟腐乳腌酱

红糟豆腐乳……2大匙

米酒……1大匙

酱油……1小匙

麻油……1小匙

姜泥……1/2大匙

适合肉类

做法

❶ 将红糟豆腐乳捣碎。

❷ 加入其余材料拌匀即
可。

小贴士

红糟是用糯米、红曲和米酒三种主要
原料制成，其所含的红曲成分，有促
进新陈代谢、降血脂、预防心血管疾
病等效果，对人体健康很好。
红糟豆腐乳就是加入红糟酱腌制的豆
腐，可以搭配清粥直接食用，或是在
烹调时当作调味料使用。除此之外，
用来腌肉也很对味，能让肉类增添红
糟酱的香气与美味。

猪排腌酱

适合肉类

大蒜……5瓣

糖……1大匙

米酒……1大匙

胡椒粉……1小匙

五香粉……1小匙

水……2大匙

蛋……1颗

酱油……1/2杯

马铃薯淀粉……1杯

做法

❶ 大蒜切末备用。

❷ 取一空碗，将所有材料混合、拌匀即可。

小贴士

这里的酱油1/2杯、马铃薯淀粉1杯指的是量米杯，调和好后与要腌渍的食材拌匀，放入冰箱冷藏1天以待入味。用猪排腌酱来腌猪排，能让猪排多了甜味又带点咸香口感，再加入少许的米酒来提味，能帮助去除肉类的腥臊味。

\TOP/ 1 肉臊酱

香喷喷的肉臊酱，是将肉末与油葱酥一起拌炒而成，油葱酥可增加香气，最后再加入冰糖焖煮，增添多层次口感！

肉臊酱可以拌饭、拌干面或米粉，或是在煮汤面时提鲜，或淋在烫青菜上，或是炒青菜时用来提味，实用度与受欢迎程度绝对是常备酱第一名！

卤制肉臊酱时，不妨加上香菇与去壳水煮蛋，成为一锅煮「常备酱与常备菜」。（做法参见36页）

\TOP/ 2 油葱酥

以猪板油与红葱头做出来的油葱酥，实用度可说与肉臊酱不相上下。煮饭时加上一小匙油葱酥，可以让白米饭口感更有变化。推荐一试。

（做法参见82页）

\TOP/ 3 咖喱酱

对于喜好这味的人来说，咖喱酱绝对是东西式料理通用的，可做咖喱饭、汤咖喱、咖喱面包，或以印度薄饼「馕」蘸食，就连台式的「红豆饼」也能做出咖喱口味，可见其受欢迎的程度。（做法参见37页）

第 3 章

酱吃最对味！

火锅、烧烤是很多人的聚餐首选，除了调配出最对味的酱料之外，怎么才能聪明烤、健康吃，也是享受美食之前要注意的。不论是到餐馆里用餐，或是在家里自己煮烤，其实只要掌握一些诀窍，就能满足你的口腹之欲又不会发胖哟！

烧烤技巧
大公开

烤肉似乎已经变成中秋节的全民运动，但是吃过多的烤肉，会让健康亮红灯！首先，肉类经过长时间的烧烤很容易烧焦，烤肉的油烟也可能产生致癌物，加上市售的烤肉酱很多都是高盐、高油脂，造成身体负担！因此一定要「聪明烤肉」，才能吃到美味与健康喔！除此之外，想烤出美味也是有小技巧的，以下通通告诉你！

聪明烤肉五大关键

自制烤肉酱较健康

市售的烤肉酱虽然很方便，但是大部分盐分都很高，重咸、重口味是其特色，吃多了很容易伤害身体。因此烤肉的时候建议以自制烤肉酱来取代市售烤肉酱，调配时可加入多一点抗氧化食材，例如：葱、姜、蒜、洋葱，并混合少量的酱油、糖、水来搭配，摄取低盐的自制蘸酱，才是聪明烤肉的首要诀窍！

避免摄取加工食材

烤肉最常见的香肠、热狗、火腿、培根等食材，经高温烹调后会产生「亚硝胺」这种致癌物，最好是能避免，若是忍不住口腹之欲，可以先煮熟再烤，毒素产生量会比较少。除此之外，这类加工食材还要避免与鱿鱼、秋刀鱼、干贝、鳕鱼等海鲜一起摄取，更要避免与养乐多、优酪乳等来搭配食用，否则会让毒素摄取更多。

注意淀粉食材摄取

很多人在烤肉时习惯搭配白吐司、玉米、地瓜这类食材，虽然它们营养丰富，但其实都属于淀粉类，食用时一不小心很容易就会摄取过多热量。特别是白吐

司，常被用来夹肉片一起食用，但是4片白吐司的热量可是相当于1碗白饭，这样吃下来的热量可是相当惊人的喔！

增加高纤蔬菜摄取

烤肉时建议多搭配高纤蔬菜，最好是能吃到肉量2倍以上的蔬菜量最好，食材选择可以香菇、金针菇、丝瓜、洋葱、菜花等，建议要选择富含维生素C、抗氧化的蔬菜，除了热量低还能增加饱腹感。

多喝水及无糖饮品

市售汽水、含糖饮料的热量可是相当惊人的！烤肉时建议以白开水、无糖饮料、无糖茶，来取代高热量饮料，不仅能避免摄取过多热量，还有去油解腻的功效，减轻身体的负担才是聪明烤肉的不二法则！

美味烤肉五大秘诀

肉片渗出油脂再翻面

烤肉前要在烤架上刷一层油，这样就能避免食物粘黏，而放肉片到烤盘上时，很多人会担心烤焦而不停翻面，这样反而会让肉类口感变差。其实只要当肉片的表面油脂渗出后再翻面即可不需要快速地经常翻面。

先煮熟再烤可防焦黑

烤焦的肉就代表蛋白质已经过度受热，若是吃下肚就等于把大量致癌物吃下，因此一定要避免！若是很难烤熟的食材，例如鸡腿、鸡翅、虾子等，建议可以先煮熟再烤，缩短烤肉的时间便能预防食材烤焦，吃下满满致癌物。

用锡箔纸包覆食材烤

将食材包在锡箔纸内，可以让食物平均受热也更快熟透，还能避免油脂滴在炭火所产生的致癌物。建议将菜、肉一起包入锡箔纸中，能让蔬菜中和肉类的油腻感。但使用锡箔纸时要小心，若是焦黑就要马上更换，而且里面不能包入酸性食物，否则会吃进危害身体健康的物质喔！

生熟食材要分开处理

烤肉时生食、熟食一定要分开处理，意思就是要用不同的餐具来夹取，例如烤肉夹、筷子都不能共用，以免细菌感染而造成拉肚子等现象。除此之外，肉类一定要烤熟才能食用，这点要特别注意喔！

选择低油脂瘦肉来烤

高温烧烤烤肉类会产生许多致癌物，特别是经过高温加热的肥肉，因此建议选择低脂肉类来烤，避开肥肉等脂肪含量多的部位，才能减少致癌物的摄取。除此之外，美国国家癌症研究中心甚至指出，用蒜、洋葱、醋、柠檬汁来当腌料的话，这些食材因为富含大量抗氧化物，能有效避免肉类经烧烤所产生的90%以上致癌物质。

韩式烤肉酱

适合烧烤

酱油……2大匙
辣椒酱……2大匙
水……2大匙
辣椒粉……2大匙
花生粉……少许
葱……2根
大蒜……4瓣
姜片……少许
酒……1大匙
糖……1大匙
香油……1大匙

做法

❶ 大蒜去皮切片、葱切段备用。

❷ 除了辣椒粉、香油之外，将其他
  材料全部放入果汁机里打匀。

❸ 倒出辣椒酱后，再倒入辣椒粉、
  香油，搅拌均匀即可。

蒜味烤肉酱

适合烧烤

酱油 …… 2 大匙

五香粉 …… 1 大匙

米酒 …… 1 小匙

砂糖 …… 1 小匙

大蒜 …… 4 瓣

做法

❶ 将大蒜去皮、切碎成蒜末备
用。

❷ 将其他材料混合，加入蒜末
搅拌均匀即可。

味噌烤肉酱

适合烧烤

味噌……1大匙

味醂……1小匙

酱油……1大匙

水……1大匙

糖……1大匙

香菜末……1大匙

葱花……1大匙

蒜末……1小匙

做法

❶ 将味噌、味醂、糖、水、酱油
搅拌均匀后备用。

❷ 在步骤❶的酱料里淋上蒜末、
葱花、香菜末即完成。

BBQ 烤肉酱

适合烧烤

洋葱……1/2 颗

牛番茄……1 颗

番茄酱……3 大匙

辣酱油……1.5 大匙

糖……1 大匙

白醋……1 大匙

大蒜……2 瓣

水……适量

做法

❶ 将所有材料放入果汁机里，搅打成泥状即完成。

❷ 搅打食材时要适时加入水，分量以可将材料打成汁液状为准。

Point!

牛番茄也可去皮后再使用。

南洋沙嗲酱

适合烧烤

花生粉……1大匙

沙茶酱……1大匙

茴香粉……1小匙

咖喱粉……1小匙

糖……1小匙

酱油……1小匙

辣椒粉……1小匙

做法

将全部材料混合拌匀即可。

沙嗲酱很适合串烤肉类

最受欢迎的烤肉串
TOP3

若想要吃到美味烤肉，准备功夫必不可少，如能把各种食材串在一起、刷上蘸烤酱，更加方便好吃。

TOP 1

葱肉串

将新鲜葱段用五花肉片或薄里脊肉卷起来，串在竹扦上，就是最受欢迎的葱肉串了。除了葱段外，还可增加同样切成小段的小黄瓜、烫熟的茭白笋或胡萝卜，口感更丰富，颜色也更加美观。

同样做法的变化版则有：烫熟切段的芦笋做成的芦笋肉卷。

TOP 2

彩椒肉串

切成骰子状的鸡肉或牛肉，因体积较大，需花较长时间才能烤熟，耐烤的彩椒是最佳搭档。不妨将红、绿、黄三色彩椒同样切成与肉块宽度相近的块状，按照「肉—彩椒—肉—彩椒」的顺序串起，色彩会更加美丽。

TOP 3

培根串

培根也是极受欢迎的烤肉串食材，最常见的是日式居酒屋款、卷入一整颗小番茄的。也有人把小番茄换成切块的新鲜凤梨、葱及金针菇、烫熟的芦笋，都十分受欢迎。

五香烤肉酱

适合烧烤

酱油膏……300克
蒜末……1大匙
姜末……1大匙
砂糖……1大匙
五香粉……1小匙
辣椒粉……1小匙

做法

❶ 将酱油膏与五香粉、砂糖、
辣椒粉混合。

❷ 接着放入蒜末、姜末，搅
拌均匀即可。

小贴士

五香粉是由五
种辛香料组成，
故取名为五香，
一般来说是以
白胡椒、肉桂、
八角、丁香、
小茴香籽磨成
粉混合调制而
成。

海鲜烤肉酱

开水……1大匙

酱油……1大匙

柚子酱……1大匙

糖……1小匙

大蒜……1瓣

柠檬汁……1小匙

适合烧烤

做法

❶ 大蒜去皮切碎成蒜末备用。

❷ 将糖和开水搅拌均匀后，放入柚子酱、酱油、蒜末、柠檬汁，搅拌均匀即可。

甘甜烤肉酱

适合烧烤

糖……1小匙

柚子酱……1大匙

酱油……1大匙

开水……1大匙

做法

❶ 糖、开水混合搅拌
均匀。

❷ 加入柚子酱、酱油,
搅拌均匀即可。

小贴士

柚子酱可买现
成的,也可自
制,做法参见
第196页。

柠檬……1颗

苹果……1颗

糖……2.5大匙

水……1大匙

玉米粉……1小匙

大蒜……1瓣

凤梨……适量

盐……适量

蔬果蘸烤酱

适合烧烤

做法

❶ 玉米粉与水混合均匀，柠檬榨汁备用。

❷ 凤梨、苹果切丁后，与大蒜搅打成泥，并加入盐巴搅拌均匀。

❸ 放入锅中加热，并放入糖、柠檬汁搅拌均匀，再放入步骤❶的玉米粉水搅拌即可。

沙茶腌肉酱

沙茶酱……2大匙

米酒……1大匙

酱油……1小匙

葱末……少许

糖……1/2小匙

做法

将所有材料搅拌均匀即可。

梅子烤肉酱

酱油……5大匙

蜂蜜……1大匙

梅子粉……少许

柠檬……1颗

做法

❶ 将柠檬洗净后，榨成柠檬汁。

❷ 所有材料搅拌均匀即可。

自制美味火锅汤底

秋冬季节是吃火锅的旺季，热呼呼、香喷喷的火锅更是许多人的聚餐首选，
所以吃到饱火锅店也越开越多，每次进去都让人吃到胃撑不下了才肯离开。
很多人以为吃火锅很健康，但其实火锅的盐分、油脂、热量都很高，若经常
食用的话，不仅会发胖而且对身体健康也会造成危害！其实吃火锅时只要掌
握几个关键秘诀，就能既满足口腹之欲又能保持健康窈窕的身材！

这样吃火锅不发胖

先菜后肉增加饱腹感

吃东西的先后顺序，也是影响发胖与否的重要因素喔！

吃火锅的建议顺序为∵蔬菜→菇类→豆制品、淀粉类→肉类，而加工食品建议不要吃，或吃越少越好。先吃蔬菜的好处是，能增加饱腹感，肉类的油脂含量多，所以建议最后再食用。

若是想要喝火锅汤，则建议在放入淀粉、肉类前先喝，因为淀粉与肉类会让汤变混浊，甚至让汤的钠含量变高，因此一开始若能先喝清淡的蔬菜汤最好。

无糖茶或水代替饮料

吃火锅的时候，建议以无糖茶饮或水来代替饮料，因为一小杯红茶就约有86000卡，一罐可乐就约有122000卡，而吃火锅的时候喝饮料可是不自觉，一杯接着一杯，因此吃完这顿火锅之后，饮料加上汤底、蔬菜、肉类等食材，一餐摄取到的热量少说也有3000000卡，热量可说是相当惊人！

在家自制汤底最健康

其实坊间的火锅店会比较难控制热量，常常聚餐太开心就把所有高油脂的食材都吃下肚，吃到肚子很撑了才开始后悔。不妨试试在家吃火锅，自制火锅汤底健康又容易，也是爱吃火锅的族群不错的选择喔！

如果一定得在外面吃，建议选择清汤的汤底，例如猪骨汤、涮涮锅等；而麻辣汤底、沙茶汤底、咖喱汤底、牛奶锅底等，热量都非常的高，建议少碰为妙。

聪明搭配火锅蘸酱料

想要健康吃火锅，在火锅蘸料的搭配上可以花点心思，太油、太咸的酱料，热量高且含钠量又高，会对身体健康造成负担。建议尽量选择低脂、清爽的酱料，例如葱、姜、蒜、辣椒、萝卜泥、酱油、醋等来调味，取代热量高的沙茶酱、豆瓣酱、香油、麻油等。如果很想要吃沙茶酱，要特别将沙茶酱最上层的油捞掉，如果太干，滴几滴麻油即可。

准备空碗控制食量

每次去吃到饱的火锅店，很容易不小心就吃下太多的分量，这时可以准备两个碗，把要吃的火锅料先夹出来放在其中一个碗上，这样就比较容易估算自己所吃下的分量。蔬菜类可以多吃一些，但如果是夹了肉类四～五碗，那可要特别注意，一不留神很快就会让热量破表啦！

番茄汤底

适合火锅

牛番茄……2 颗

水……600 毫升

油……少许

盐……少许

做法

❶ 番茄洗净并去蒂头，底部以刀划十字，泡热水约 3 分钟后捞起去皮，1 颗切成小丁，另 1 颗切块。

❷ 起油锅，热锅后放入一半的番茄丁炒香，再放入果汁机里打成番茄酱。

❸ 把步骤❷的番茄酱加水煮成番茄汤，再加入剩余的番茄同煮，水开后稍微调味即为番茄汤底。

泡菜汤底

适合火锅

水 …… 1200毫升

泡菜 …… 1大罐

糖 …… 少许

做法

❶ 将水煮沸后，放入泡菜及泡菜汁一起熬煮。

❷ 泡菜汤煮沸后，再放入少许糖即完成。

水……2500毫升
干昆布……20克
柴鱼片……30克
味噌……4大匙
味醂……4小匙
糖……4小匙

味噌汤底

适合火锅

做法

❶ 昆布不必洗，直接剪成约 10 厘米长后，与水放入锅中煮，水开后立即放入柴鱼片并熄火。

❷ 待柴鱼片沉淀后，将汤底杂质滤除。

❸ 最后放入味噌、味醂、糖，煮至味噌融化即可。

咖喱汤底

适合火锅

南瓜……100克
圆白菜……100克
马铃薯……1/2颗
大蒜……1瓣
水（或蔬菜高汤）……3000毫升
印度咖喱粉……1大匙
豆蔻粉……1小匙
肉桂粉……1小匙

做法

❶ 大蒜切末备用。

❷ 南瓜去皮去籽、马铃薯去皮后，与圆白菜一起切成小块，放入调理机或果汁机打成泥状。

❸ 起油锅，将蒜末爆香，再加入印度咖喱粉、豆蔻粉、肉桂粉炒香后，再加入步骤❷的蔬果泥，并倒入水或蔬菜高汤，煮沸后即为汤底。

豆浆汤底

适合火锅

无糖豆浆 …… 1000 毫升

大骨高汤 …… 1000 毫升

盐 …… 适量

做法

❶ 取一锅，倒入大骨高汤后，再将无糖豆浆倒入煮沸。

❷ 煮沸后加入少许盐调味即可。

麻辣汤底

适合火锅

大骨高汤…… 5000毫升

猪油…… 300毫升

酱油…… 250毫升

辣豆瓣酱…… 2大匙

姜片…… 6片

大蒜…… 3瓣

辣椒…… 6条

辣椒粉…… 2大匙

盐…… 1小匙

花椒粒…… 1大匙

冰糖…… 1大匙

甘草粉…… 1大匙

做法

❶ 辣椒去蒂头后拍裂、大蒜去皮备用。

❷ 起油锅，放入猪油来爆香大蒜、辣椒、姜片，
再放入花椒粒、辣豆瓣酱、辣椒粉、甘草粉
来拌炒。

❸ 倒入酱油继续拌炒，炒匀后即可关火，倒入
煮沸的大骨高汤里，再放入糖、盐调味。

❹ 最后滤出清汤，即为麻辣汤底。

牛奶 …… 1500 毫升
蔬菜高汤 …… 1500 毫升

牛奶汤底

适合火锅

做法

❶ 将蔬菜高汤煮沸后，分次倒入
牛奶搅拌均匀。

❷ 转小火煮沸即为牛奶汤底。

Point!
用全脂牛奶来制作比较适合喔。

最受欢迎的火锅蔬菜 TOP3

\TOP/
1

茼蒿

虽然茼蒿只在特定季节才会出现，但因为它的纤维较细，只需略烫过就可食用，因此成为许多人心目中的火锅蔬菜首选。

\TOP/
2

圆白菜

四季都有的圆白菜堪称火锅店主角，无论哪家涮涮锅店，端上来的菜盘里总少不了它。圆白菜耐煮的特色，也让人可以放心地把它放在锅子里慢慢煮。

\TOP/
3

金针菇

与茼蒿相同，只需快速氽烫后即可食用的特色，让金针菇挤身最受欢迎的火锅菜前三名。虽然它即使久煮也不会烂糊糊的，但想要吃到最佳口感，还是以快速氽烫为宜。

意外好吃的火锅蔬菜 TOP3

\TOP/ 1

丝瓜

若是在家吃火锅，刚起锅时先煮丝瓜，绝对是最推荐的火锅蔬菜吃法！丝瓜特殊的清甜口感，在高汤中煮过后更加迷人，先来一碗丝瓜汤也能有效控制食量。

\TOP/ 2

皇帝豆、蚕豆

这两种蔬菜因单价高，较少出现在平价火锅店中，但皇帝豆或蚕豆煮透后口感软绵，不加蘸酱都好吃，推荐一试。

\TOP/ 3

茄子

因茄子肉接触空气后会氧化变色，所以也少有火锅店采用。但茄子易于吸附汤汁的特性，能让人完全品味到汤底的香气，意外地好吃喔！

洋葱片蘸酱

适合火锅

洋葱……1颗
酱油……4大匙
白醋……4大匙
糖……4大匙
水……4大匙

做法

❶ 洋葱去皮切丝后，放入冷水浸泡10分钟，去除辛辣味。

❷ 将其他材料搅拌均匀后，放入适量洋葱丝即可。

芝麻味噌酱

适合火锅

味噌酱⋯⋯ 3 大匙

橄榄油⋯⋯ 3 大匙

大蒜⋯⋯ 2 瓣

黑芝麻⋯⋯ 适量

蜂蜜⋯⋯ 少许

做法

❶ 大蒜去皮切末备用。

❷ 将所有材料搅拌均匀即可。

香芝麻蘸酱

适合火锅

芝麻	2.5大匙
开水	2大匙
花生酱	1.5大匙
糖	2小匙
白醋	1.5小匙
麻油	1小匙
盐	适量

做法

❶ 取一平底锅，用中火加热，放入芝麻炒至金黄色（至香味散发出来），不要炒太久免得会有苦味。

❷ 将芝麻放入搅拌机打成粉状后，与其他材料混合（除了水）。

❸ 分次慢慢加入水，调成想要的浓度即可。

麻辣蘸酱

适合火锅

酱油膏……2大匙
白醋……1大匙
辣椒酱……2小匙
香油……1小匙
糖……1/2小匙
大蒜……3瓣
葱花……适量
香菜……适量

做法

❶ 大蒜去皮，与香菜一同切末备用。

❷ 将所有材料搅拌均匀即可。

韩式辣蘸酱

适合火锅

辣椒酱……3大匙
芝麻油……1大匙
熟白芝麻……1大匙
醋……1大匙
柠檬汁……1大匙
砂糖……1大匙
蒜泥……1小匙
葱末……少许

做法

❶ 辣椒酱、醋、柠檬汁、糖、
蒜泥混合均匀。

❷ 加入葱末、芝麻油、熟白芝
麻搅拌均匀即可。

豆腐乳蘸酱

豆腐乳……1块

酱油……2大匙

海山酱……2大匙

糖……1小匙

香油……1小匙

做法

❶ 豆腐乳捣碎。

❷ 加入其余材料搅拌均匀即可。

羊肉片蘸酱

豆腐乳……1块

海山酱……2大匙

糖……1小匙

清爽白醋蘸酱

白醋 …… 1 大匙
香菜 …… 少许
大蒜 …… 2 瓣
香油 …… 少许

适合火锅

做法

❶ 大蒜去皮切成蒜末。

❷ 将白醋、香菜、蒜末混合均匀，最后滴上少许香油即可。

小贴士

香菜遇醋会变黄，若不是马上食用，建议先另外放，食用前再撒上。

红糟腐乳蘸酱

芝麻酱 …… 1大匙

红糟豆腐乳 …… 1大匙

蒜泥 …… 1小匙

糖 …… 1小匙

酱油 …… 1小匙

开水 …… 1小匙

做法

将所有材料搅拌
均匀即可。

萝卜泥蘸酱

淡酱油 …… 1大匙

葱花 …… 1小匙

香菜末 …… 1小匙

萝卜泥 …… 1小匙

辣椒酱 …… 适量

沙茶蛋蘸酱

适合火锅

沙茶酱……1小匙
酱油膏……1小匙
开水……1小匙
蛋黄……1颗

做法

将所有材料搅拌均
匀即可。

小贴士

蛋一定要用水洗
蛋，如遇上禽流
感盛行，建议暂
时不要吃生蛋黄。

柠檬汁 …… 1大匙
鱼露 …… 1大匙
蒜泥 …… 1小匙
辣椒末 …… 1小匙
香菜末 …… 1小匙
砂糖 …… 1小匙

泰式酸辣蘸酱

适合火锅

做法

将所有材料搅拌均匀
即可。

小贴士

香菜遇柠檬汁会
变黄，建议另外
放，食用前再拌
入蘸酱中。

水果蘸酱

柳橙汁……1大匙
味醂……1大匙
酱油……1大匙
柠檬汁……1小匙
橄榄油……少许
白醋……少许
蒜泥……少许

做法

将所有材料搅拌
均匀即可。

日式昆布蘸酱

日式昆布高汤……3大匙
味醂……2大匙
酱油……1大匙
米酒……1小匙
芝麻……1小匙
辣椒粉……少许

韩式果香蘸酱

豆腐乳……1块

葡萄酒……2大匙

苹果……1/8颗

蜂蜜……1大匙

柠檬汁……1小匙

酱油……1小匙

适合火锅

做法

❶ 豆腐乳捣碎，苹果去
皮切小长条或小丁。

❷ 将所有材料搅拌均匀
即可。

橙汁蘸酱

柳橙汁……2大匙

味醂……1大匙

酱油……1小匙

柠檬汁……1小匙

做法

将所有材料搅拌均匀即可。

芥末蘸酱

芥末……1大匙

酱油……1大匙

味醂……1小匙

白醋……1小匙

海鲜蘸酱

海鲜高汤……1大匙

沙茶酱……1大匙

葱末……1大匙

红豆腐乳……1小匙

酱油……1小匙

香油……少许

白醋……少许

做法

将所有材料搅拌均匀即可。

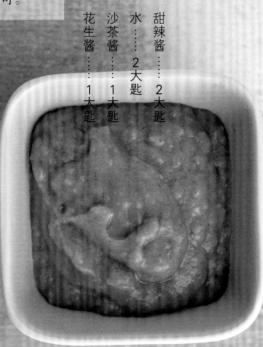

花生沙茶蘸酱

甜辣酱……2大匙

水……2大匙

沙茶酱……1大匙

花生酱……1大匙

市售的抹酱、沙拉、果酱美味又好吃，但是看看包装上的制造成分，你吃得安心吗？其实自制美味的面包抹酱、清爽的沙拉酱、甜蜜好吃的果酱一点都不难，而且保证不含任何化学香料、添加物，吃得到美味又不会让身体摄取到化学添加物，为了家人的健康，赶快一起动手来做看看吧！

第 4 章

香浓好滋味！

沙拉甜点酱

香浓美味的
面包抹酱

新鲜出炉的面包涂上香浓的抹酱，一口咬下去让人
好满足！常见的面包抹酱材料，主要有奶油、奶油
乳酪、美乃滋这三种，用这三种来调配做出变化，
涂抹到面包里，香浓美味让人一口接一口停不下来。

奶油

奶油是指用新鲜或发酵的鲜奶油、牛奶所提制的奶制品，因为油脂含量高，所以必须冷藏或冷冻保存，也因为其油脂含量高的特色，所以很适合涂抹在偏硬的面包上，例如法国面包、贝果等。

奶油乳酪

起司按照含水量，可分为软、中软、中硬、硬等质地，而其中以松软质地为主的奶油乳酪（Cream Cheese）为最常见的抹酱材料。这类起司是将奶加热结块、挤干水分来使用，质地松软，很适合涂抹在面包上，也可以直接食用。

美乃滋

美乃滋又称为蛋黄酱，是用植物油、蛋、柠檬汁或醋，以及其他调味料所制成，质地为浓稠、半固体状，常用在沙拉料理上，也常涂抹在面包上食用。

美乃滋抹酱

蛋黄……2颗
橄榄油……300毫升
白醋……100毫升
盐……1小匙
糖……2大匙

适合面点、甜点

做法

❶ 糖、蛋黄以打蛋器搅打，直到整体呈现出乳白色。

❷ 加入一半的白醋、一半的橄榄油，继续用打蛋器搅拌至浓稠。

❸ 再继续放入一半的白醋、一半的橄榄油，用打蛋器搅拌至浓稠。

❹ 最后加入盐调味即可。

红茶抹酱

红茶茶包……2 包

鲜奶油……100 毫升

牛奶……300 毫升

糖……40 克

适合面点、甜点

做法

❶ 牛奶、鲜奶油放至恢复室温。

❷ 取一空锅，将糖、牛奶、鲜奶油放入煮沸，煮至糖融化。

❸ 放入 2 包红茶包煮约 2 分钟后，拿起并撕开茶包，倒入少许的茶叶。

❹ 继续拌煮至浓稠，要不停搅拌以免烧焦，取出放冷却即可。

室温奶油……50克

起司粉……1小匙

盐……少许

糖……少许

大蒜……6瓣

意大利香料……少许

香蒜抹酱

适合面点、甜点

做法

❶ 大蒜去皮切碎。

❷ 将全部材料放入调理机或果汁机里，打
成泥状即可。

奶酥抹酱

适合面点、甜点

无盐奶油······ 35 克

椰子油······ 35 克

奶粉······ 50 克

糖······ 40 克

做法

❶ 奶油放至室温后，加入椰子油，用打蛋器搅打成乳霜状。

❷ 加入糖混合均匀，再加入奶粉搅拌至无粉末状即可。

鲜奶 …… 200 毫升

抹茶粉 …… 10 克

鲜奶油 …… 100 毫升

糖 …… 50 克

抹茶牛奶抹酱

适合面点、甜点

做法

❶ 把 50 毫升鲜奶加热到温热后，倒入过筛的抹茶粉，
搅拌均匀至无结块、顺滑的状态，即为抹茶液。

❷ 将其余鲜奶、糖、鲜奶油放入小锅中，以中小火加
热，要不断搅拌以免烧焦，直至呈浓稠的炼乳状，
整个过程需 30 ~ 60 分钟。

❸ 将步骤❶的抹茶液倒入步骤❷中，再次搅拌加热，
煮至沸腾即可熄火。

鲔鱼起司抹酱

洋葱……1颗

鲔鱼罐头……1罐

奶油乳酪……250毫升

起司……50克

大蒜……2瓣

黑胡椒粒……少许

适合面点、甜点

做法

❶ 洋葱切碎、大蒜去皮后，放入油锅里爆香，将洋葱炒至金黄色。

❷ 将鲔鱼罐头水分沥干、起司切成小块备用。

❸ 先将奶油乳酪搅拌至变软后，再放入洋葱、鲔鱼、起司块，一起搅拌均匀，再撒些黑胡椒粒即可。

花生抹酱

适合面点、甜点

花生……400克
糖……100克
盐……少许

做法

❶ 花生去壳、剥皮后，放入烤箱以 150 度烤 10 分钟。

❷ 将花生、糖、盐放入搅拌机里，搅打成粉状。

❸ 继续搅打至呈现油脂状，即为花生酱。

鲔鱼罐头……1罐
小黄瓜……半条
水煮蛋……1颗
美乃滋……2大匙
黑胡椒……少许

鲔鱼沙拉抹酱

适合面点、甜点

做法

❶ 小黄瓜及水煮蛋蛋白切小丁，蛋黄用汤匙或叉子
压碎备用。

❷ 鲔鱼滤干后，以汤匙或叉子压碎拨散。

❸ 将步骤❶及步骤❷的材料放入大碗中，与美乃滋
及黑胡椒一同拌匀即可。

巧克力抹酱

适合面点、甜点

鲜奶油……260克
白砂糖……100克
无糖可可粉……80克

做法

❶ 可可粉过筛后，与鲜奶油、白砂糖混合，一起用打蛋器搅拌均匀。

❷ 放至瓦斯炉上，转中小火煮，边煮边搅拌以免烧焦，煮沸后冒出小泡泡即可熄火。

南瓜抹酱

适合面点、甜点

南瓜⋯⋯60克

鲜奶⋯⋯2大匙

黑胡椒粉⋯⋯适量

黑白芝麻⋯⋯适量

盐⋯⋯少许

奶油⋯⋯少许

做法

❶ 南瓜去皮去籽，切成小块放入电锅蒸熟。

❷ 蒸熟后取出，将水倒掉，并将南瓜压成南瓜泥。

❸ 倒入鲜奶及奶油，并撒上少许盐、黑胡椒粉、
黑白芝麻，搅拌均匀即可。

清爽
无负担的
沙拉酱

沙拉酱的口味选择上很多变，有甜甜的美乃滋口味，也有橄榄油、酒醋酱汁类，甚至也有山药、味噌和风沙拉等口味。若是怕市售沙拉的油脂太高、热量太高的话，也能自己动手做出低卡少油的沙拉酱，为健康多一层把关！

调制沙拉酱，主要的基础材料为油、香料、醋等，若是想自制低卡的沙拉酱，也有很多人会准备优酪乳、优格等热量较低的食材，下面分别介绍。

油

油的选择性很多，建议以植物性油为主，例如葵花子油、酪梨油等，每种味道都不大相同。通常制作沙拉酱时，以橄榄油居多，因为橄榄油的味道比较香醇。

香料

选用具有特殊香气的香草调制在沙拉酱里，例如薄荷、肉桂、百里香、罗勒等，这样能让沙拉酱更添风味。

醋

醋也是沙拉酱中常使用到的调味料，通常和风沙拉酱就会用到水果醋，例如苹果醋、梅子醋，搭配不同的醋就能呈现出不同的风味喔！

优酪乳&优格

优酪乳、优格因为低脂、低热量的特色，加上能帮助肠胃蠕动，所以这几年很常被使用在沙拉酱上。热量更低、对健康功效更好，还能直接淋在沙拉上食用，美味又方便。

油醋沙拉酱

橄榄油……4大匙

红酒醋……1.5大匙

苹果醋……1大匙

盐……少许

粗黑胡椒粒……少许

做法

将所有材料搅拌均匀即可。

和风沙拉酱

橄榄油……2大匙

果醋……2大匙

洋葱碎……1大匙

糖……1小匙

黑胡椒粒……少许

盐……少许

柠檬汁……少许

芝麻沙拉酱

适合各式沙拉

蒜泥……1小匙
糖……1小匙
番茄酱……1小匙
酱油……1大匙
洋葱泥……1大匙
芝麻酱……1大匙
牛奶……2大匙
美乃滋……2大匙

做法

将所有材料搅拌均匀即可。

酪梨沙拉酱

酪梨⋯⋯半颗

鲜奶油⋯⋯1小匙

美乃滋⋯⋯1小匙

柠檬汁⋯⋯1/2小匙

盐⋯⋯少许

适合各式沙拉

做法

❶ 酪梨去皮，果肉压成泥状，放入柠檬汁。

❷ 加入鲜奶油、美乃滋、盐，搅拌均匀即可。

南瓜 …… 1/4 颗
胡萝卜 …… 1/4 根
无盐奶油 …… 1 小匙
美乃滋 …… 适量

南瓜沙拉酱

适合各式沙拉

做法

❶ 南瓜去皮去籽，切小块后放入电锅蒸熟，再压成南瓜泥。

❷ 胡萝卜削皮切成小丁状，煮或蒸熟。

❸ 将南瓜泥、胡萝卜及无盐奶油均匀混合搅拌，放凉后倒入适量美乃滋即可。

小贴士

美乃滋建议不要超过南瓜泥一半的量，否则吃起来会太腻。

千岛沙拉酱

适合各式沙拉

马铃薯……1 颗

橄榄油……3 大匙

番茄酱……3 大匙

蜂蜜……2 大匙

柠檬汁……2 大匙

盐……少许

做法

❶ 马铃薯洗净，去皮切小块后，用电锅蒸熟。

❷ 将马铃薯及其他材料放入调理机或果汁机里，
搅打至浓稠状即可。

金黄柑橘酱

适合各式沙拉

橘子	6 颗
柳橙	2 颗
柠檬	1/2 颗
冰糖	100 克
水果醋	适量
奶油	少许

做法

❶ 橘子果肉去除籽、白色纤维后，切成小丁状放入容器里。

❷ 将柳橙榨成汁、柠檬榨成汁，放入步骤❶内，再加入冰糖静置30分钟。

❸ 取一小锅以小火融化奶油，再加入步骤❷的果汁，用大火煮至沸腾后，转成中火继续煮，煮的时候要不停搅拌、捞掉表面的泡泡。

❹ 大约煮30分钟后，分量剩原来的一半、呈现浓稠状就可熄火放一旁，待冷却后加入少许水果醋即可。

柳橙油醋酱

适合各式沙拉

柳橙汁······2大匙
橄榄油······2大匙
醋······1大匙
蜂蜜······1小匙
盐······少许
黑胡椒······少许

做法

将所有材料搅拌均匀即可。

凯萨沙拉酱

蛋黄⋯⋯2颗

柠檬汁⋯⋯20毫升

大蒜末⋯⋯少许

小黄瓜末⋯⋯少许

起司粉⋯⋯少许

盐⋯⋯1小撮

糖⋯⋯少许

适合各式沙拉

做法

❶ 蛋黄与1小撮盐一同拌至滑顺。

❷ 依序加入柠檬汁、大蒜末、小黄瓜末、糖打匀。

❸ 最后加入起司粉即可。

百香优格酱

适合各式沙拉

优格……50克
百香果汁……50克
柠檬汁……1小匙

做法

❶ 先将 1/2 的百香果汁与优格、柠檬汁混合均匀。

❷ 再倒入剩下的 1/2 百香果汁，搅拌均匀即可。

脆口沙拉菜三大关键

关键一

沙拉菜要脆口好吃，首先蔬菜新鲜度，只要挑选到新鲜的菜，就成功一大半了。

关键二

水洗时，首先将蔬果外层的泥土彻底冲净，再放入干净的大容器中，以流动的自来水浸泡30分钟（水流量开到最低），再用流动的过滤水浸泡10分钟（如无过滤水，也可用冷开水仔细冲洗）。

小贴士

像莴苣这种会氧化变色的蔬菜，先用手撕成适口大小再以过滤水冲洗，不要用刀切。若是可连同外皮一起吃的瓜果类（例如小黄瓜），则留待食用前再分切。

关键三

洗好的菜先甩干水分，装入密闭容器中冰镇至少30分钟，口感更佳。虽然新鲜的菜可以放置在冰箱里保存两三天，但仍以24小时内吃完为宜。

好吃沙拉这样配

只要掌握三大原则，就能简单做出人人称赞的沙拉！

原则一：口感要有脆有软，颜色要有红有绿

例如「莴苣＋爱文芒果／木瓜＋番茄」，或是「小黄瓜／西洋芹＋马铃薯泥＋胡萝卜」，光看都赏心悦目，吃起来更是营养满分。若搭配有三种以上的蔬果时，可尽量把食材切得略微小一些，以「每一口都能同时吃到三种蔬果」为准，更能享受到多蔬果沙拉的独特美味。

沙拉未必只能使用蔬菜，以新鲜水果制成的沙拉别有一番风味。

原则二：用坚果带出香气，用果干带出酸甜味

核桃、腰果、杏仁等坚果很适合与沙拉搭配，可先稍微烤干，放凉后压粗碎再撒上，沙拉的香味及口感会更丰富。果干类则几乎全部都合适，从最常见的葡萄干、蔓越莓干、加州梅干，到无花果干都可以用来做沙拉，但果干宜切成小丁，以免摄取过多热量。

原则三：食材种类愈多，沙拉酱要愈清爽

若沙拉食材已有五六种，那么简单的油醋酱或和风酱即可带出食物的风味。浓稠的酱汁如千岛酱等，较适合芽菜或叶菜类多的沙拉，因这些食材本身味道较淡，需靠浓稠的酱来调味。

只要食材色彩够多、切丁或块的尺寸适口，几乎可以说沙拉是绝对不会失败的料理。

吃沙拉还是吃草

排斥沙拉的人，有些是因为本身不爱吃蔬菜，有些则是因为它看起来很像一盘乱糟糟的野草。

负责准备食物的煮妇、煮夫若想避免这个窘境，基本要诀是「减少芽菜类的量」。因芽菜类不易摆盘，色泽也比较不讨喜，与之相较，不如选择常见的莴苣、小黄瓜为主食材，再加上玉米粒或带有甜味、酸味的水果。

另外，活用「熟食材」也是个好方法，例如蒸或烤过的南瓜、汆烫过的青花菜、马铃薯泥、水煮蛋、已煮熟的笔管面，甚至是烟燻鲑鱼等，都可以加进沙拉里，让它成为一盘丰富的蔬食。

令人垂涎的甜蜜果酱!

果酱是可以长时间保存水果的一种方法,主要是用水果果肉、糖(或蜂蜜、麦芽糖等),以高温熬煮所制成的浓稠状物。因为糖具有防腐败的功能,所以可让果酱有较长的保存时间。果酱常用来涂抹于面包或吐司上(或是当馅料),或者淋在刨冰、加入茶水里直接饮用,食用的方式很广泛,草莓、苹果、蓝莓、葡萄等,都是常用来制作成果酱的材料。

制作美味果酱的四大关键

自制的天然果酱,会散发出淡淡的水果香,质地呈现半流质状态,喜欢有颗粒口感的人,可以在制成后再额外添加果粒。天然的自制果酱,能吃得到水果的原味,美味又健康。虽然自己动手做果酱会比较费时,但因为不含色素及人工添加物,而且甜度可以自己掌握,所以更健康!

另外,因为手工果酱没有添加任何化学防腐剂,不像一般市售的果酱可保存数个月甚至一年，大致来说可以保存约一个月，但最初一周内的风味是最佳的。果酱在制作上主要有四大关键，虽然过程满耗时，但只要按部就班，掌握这四个重点，就能轻松做出美味好吃的健康果酱。

关键一 适量加入糖可防腐又杀菌

制作果酱时必须加入大量的糖，这样熬煮时能让水果中的水分充分散发出来，可让杀菌作用更彻底，保存时也就更不容易变质。添加的糖量大约不超过水果重量的一半，若加太多则会有反效果。

> **小贴士**
> 以浓稠感为主的果酱，加入少许奶油能提升香气，让口感更滑顺。

关键二 长时间熬煮让味道更浓郁

制作果酱的重要关键，决定果酱味道、口感的重要关键，甚至还有杀菌的作用。果酱经过长时间的熬煮后，果胶与味道会更浓郁，而且还能防止保存时变质腐坏的情况发生。

关键三 趁热装罐可防止细菌滋生

刚制作好的热腾腾果酱，建议马上装罐并盖上瓶盖，趁热倒扣，这样可以让果酱瓶呈现真空状态，也能防止细菌滋生，以利保存。接着要放于室温中冷却，待冷却后再放入冰箱冷藏。

> **小贴士**
> 挖果酱的小汤匙一定要保持干燥，若是用刚洗好、湿淋淋的汤匙来挖果酱，会让果酱腐败变质。

关键四 制作与保存容器谨慎挑选

因为新鲜水果含有很多的果酸，所以在制作果酱时建议用不锈钢锅来熬煮。保存时则要选择耐高温的玻璃容器，才能避免容器受侵蚀而释放出有毒物质。

问 & 答

自制果酱疑问破解

问 什么水果适合制成果酱？

建议挑选果胶含量高的水果，例如柑橘类、凤梨、芒果、草莓等。基本上所有的水果都含有果胶，只是果胶量的多少不一而已。果胶含量高的水果，久煮后较浓稠，可以不用添加胶质来帮助果酱形成（例如果冻粉、寒天粉等），吃起来更天然。

问 哪些是制作果酱的基本材料？

制作果酱的三大主要材料为果胶、糖、酸，基本上所有的水果都含有果胶，只是量的多寡不一。市售果酱为了让果酱更快成形，大部分都会额外添加凝结物（吉利丁、果冻粉、天然果胶等），如果想制成完全无添加物的果酱，要准备的材料很简单，就是水果、糖、柠檬即可。

问

制作时要选择哪一种糖？

砂糖、冰糖、麦芽糖，都常用来制作果酱，只要不是带有特殊气味的糖（例如黑糖、红糖），用来制作果酱都能增加水果的甜度。如果想要让果酱较浓稠，又不想添加凝结物，则可以加入麦芽糖，但添加时的量要拿捏好，若过量则会影响到果酱的口感。

问

装果酱的瓶子要如何消毒？

装果酱要选择耐热的玻璃瓶，像奶瓶消毒一样，放在锅内煮沸，再用烘碗机烘干杀菌。

但是要特别注意，玻璃罐放入锅内煮沸时，要以「冷水入锅」，才不会因温度提升太快，造成玻璃罐破裂。

问

果酱装瓶时需要注意什么？

盛装果酱时，玻璃瓶不要装太满，否则有可能会因发酵产生的气体散不掉而让容器裂开。填充果酱后，将瓶口倒置可自然形成真空状态，能杜绝细菌滋生。但因为许多玻璃罐的盖子都是含有双酚 a(BPA) 的塑胶盖，倒扣时可能会把毒素给溶出，因此瓶盖的材质也要非常注意，建议挑硅胶垫片或橡胶所制成者为宜。

金枣果酱

适合面点、调味茶

金枣……1000克

冰糖……250克

麦芽糖……500克

柠檬汁……30克

盐……少许

奶油……少许

做法

❶ 金枣洗净放入盆中，加盐拌匀静置30分钟，再冲洗干净并沥干水分备用。

❷ 取一锅水，煮滚后将金枣放入氽烫，捞起后沥干水分，对切成4小块并取出籽。

❸ 另取一小锅，放入奶油、金枣块、冰糖、麦芽糖、柠檬汁，中小火煮至糖融化后变成糖浆，再转小火煮至水分收干变浓稠（煮的时候要不停搅拌，以免烧焦），煮好后即可装罐。

百香果
……
600
克

砂糖
……
200
克

麦芽糖
……
60
克

柠檬汁
……
10
克

百香果酱

适合面点、调味茶

做法

❶ 百香果肉取出后，倒入锅中加热，煮沸后放入糖、柠檬汁、麦芽糖并搅拌均匀。

❷ 继续熬煮至糖融化，酱汁变浓稠即可熄火，并用滤网过滤掉籽。

蜂蜜柚酱

柚子肉 …… 500 克

柚子皮 …… 4 片

砂糖 …… 300 克

蜂蜜 …… 100 克

柠檬汁 …… 20 克

奶油 …… 少许

适合面点、
调味茶

做法

❶ 柚子果肉切成小块，将籽去除备用。

❷ 取一锅水，将柚子皮放入煮沸后，转小火煮 20 分钟，倒掉后再加冷水重复续煮，这时柚子皮的白色部分会变为透明色，再放入冷水浸泡降温。

❸ 柚子皮刮除透明色的地方后，刨成细丝状，取出 60 克，以奶油稍微炒过。

❹ 将步骤❸的柚子皮与所有材料放入不锈钢锅中，煮沸后再转小火续煮至浓稠状，必须不断搅拌以免烧焦，煮至果酱呈现光泽感即可熄火并起锅装罐。

蓝莓果酱

适合面点、
调味茶

蓝莓…… 500克
糖…… 100克
柠檬汁…… 10克

做法

❶ 蓝莓浸泡于水中清洗干净后，去除蒂头。

❷ 取一空锅，放入糖、蓝莓、柠檬汁加热，不断搅拌、熬煮至略干并呈现浓稠状后，即可熄火装罐。

凤梨果酱

适合面点、
调味茶

凤梨……500克
冰糖……120克
麦芽糖……80克
柠檬汁……10克
盐……少许

做法

❶ 凤梨切成小丁状,与其他材料一起放入锅中。

❷ 煮滚后转小火续煮至浓稠状,整个过程必须不断搅拌以免烧焦。

❸ 煮至水分收干并呈现浓稠状后,即可熄火并起锅装罐。

草莓果酱

草莓⋯⋯600克

冰糖⋯⋯150克

麦芽糖⋯⋯150克

柠檬汁⋯⋯50毫升

适合面点、调味茶

做法

❶ 草莓洗净后去除蒂头，切成小块状。

❷ 所有材料放入锅中搅拌均匀，腌渍约 2 小时，这样可缩短熬煮的时间。

❸ 将步骤❷放入锅中煮沸，再转小火继续煮，过程必须不断搅拌，若产生泡沫则需捞出。

❹ 煮至浓稠状后，即可熄火并起锅装罐。

洛神花果酱

洛神花 …… 1000克
冰糖 …… 300克
麦芽糖 …… 150克
盐 …… 少许

适合面点、调味茶

做法

❶ 洛神花先洗净去籽。

❷ 所有材料放入锅中，转中小火拌煮，煮至浓稠状即可熄火装罐，过程中必须不断搅拌。

芒果果酱

适合面点、
调味茶

奶油……1小匙
柠檬……½颗
砂糖……100克
芒果……600克

做法

❶ 先将柠檬榨成汁、芒果取出果肉并打成泥状。

❷ 取一小锅，小火加热 1 小匙奶油至完全融化后，
再将步骤❶及砂糖放入。

❸ 转中小火拌煮，煮至浓稠状即可熄火装罐，过程
中必须不断搅拌。

苹果果酱

苹果…… 500克

冰糖…… 75克

麦芽糖…… 75克

盐…… 少许

奶油…… 少许

适合面点、
调味茶

做法

❶ 苹果去皮后，切成小丁状，用奶油炒香。

❷ 将所有材料放入锅中，转中小火拌煮，过程中
必须不断搅拌，煮至浓稠状即可熄火装罐。

香蕉果酱

适合面点、
调味茶

香蕉 ………… 6 条
柠檬汁 ………… 30 克
麦芽糖 ………… 45 克

做法

❶ 香蕉去皮切片后，捣碎成泥状。

❷ 将所有材料放入锅中，转中小火拌煮，
煮至浓稠状即可熄火装罐，过程中必须
不断搅拌。